四川省产教融合示范项目系列教材

U0873249

光机电一体化技术

主　编◎王　洪　梁惊涛

主　审◎侯泽文

西南交通大学出版社

成　都

图书在版编目（C I P）数据

光机电一体化技术 / 王洪，梁惊涛主编. --成都：西南交通大学出版社，2024.1

ISBN 978-7-5643-9749-4

Ⅰ. ①光… Ⅱ. ①王… ②梁… Ⅲ. ①光电技术－机电一体化－中等专业学校－教材 Ⅳ. ①TH-39

中国国家版本馆 CIP 数据核字（2024）第 020479 号

Guangjidian Yitihua Jishu

光机电一体化技术

主编　王　洪　梁惊涛

责任编辑　李华宇
封面设计　吴　兵

出版发行　西南交通大学出版社
（四川省成都市金牛区二环路北一段 111 号
西南交通大学创新大厦 21 楼）
邮政编码　610031
营销部电话　028-87600564　028-87600533
网址　http://www.xnjdcbs.com
印刷　四川森林印务有限责任公司

成品尺寸　185 mm × 260 mm
印张　9.5
字数　208 千
版次　2024 年 1 月第 1 版
印次　2024 年 1 月第 1 次
定价　29.00 元
书号　ISBN 978-7-5643-9749-4

课件咨询电话：028-81435775
图书如有印装质量问题　本社负责退换

前　言

本书参照国家职业技能鉴定标准和光机电一体化实训设备的实际情况编写，可作为职业院校机电技术类、电子信息类、自动控制类专业的专业课教材，也可作为从事机电专业生产和维修人员的自学用书。

全书分为五个项目，包括光机电一体化设备简介、井式上料机构 PLC 程序设计、搬运机械手机构 PLC 程序设计、皮带输送与物料分拣 PLC 程序设计和光机电一体化设备控制系统 PLC 程序设计等内容。

本书内容以项目引领为导向，任务驱动为抓手，理论联系实际，开展教学工作。根据职业院校学生基础，适当降低纯理论分析的深度，从设备的基本结构分析出发，加强实用技能的培养，使学生掌握机电设备电气原理分析方法，具备电气线路安装调试能力、PLC 程序设计能力、常见故障分析与排除能力，为今后继续学习和从事相关的实际工作打好基础。

本书由王洪和梁惊涛老师主编。项目三至项目五由王洪老师主持编写，项目一至项目二由梁惊老师主持编写。本书在编写过程中承蒙企业专家侯泽文老师的指导，编者在此表示感谢。

由于编者水平有限，时间仓促，书中难免存在不足之处，敬请广大读者批评指正。

编　者

2023 年 12 月

目 录

项目一 光机电一体化设备简介

光机电一体化培训设备是一种典型的机电一体化产品，是为职业院校、职业教育培训机构而研制的，适合机电一体化、电气自动化等专业的教学和培训。它在接近工业生产制造现场基础上又针对教学及实训目的进行了专门设计，强化了机电一体化的安装与调试能力。该设备由导轨式型材实训台、机电一体化设备部件、电源模块、按钮模块、PLC（可编程逻辑控制器）模块、变频器模块、交流电机模块、步进电机及驱动器模块、模拟生产设备实训单元（包含上料机构、搬运机械手、皮带输送线、物件分拣等）和各种传感器等组成。它采用开放式和拆装式结构设计，可根据现有的机械部件组装生产设备，使整个设备能够灵活地按实训教学需要组装机电一体化设备。该设备采用工业标准结构设计及抽屉式模块放置架，组合方便。控制对象均采用典型机电设备部件，接近工业现场环境，能满足实训教学或技能竞赛需求。

该设备涵盖了机电一体化和电气自动化专业中所涉及的 PLC 控制、变频调速、步进调速、传感检测、气动、机械结构安装与系统调试等内容，可为培养可持续发展的机电一体化高技能人才提供一个良好的平台。

任务一 光机电一体化设备概述

任务目的

（1）了解光机电一体化培训设备的特点。

（2）了解光机电一体化培训设备的性能指标。

（3）了解光机电一体化培训设备的基本配置。

任务导入

光机电一体化培训设备是在工业生产制造实际情况的基础上结合教学及实训进行设计的，它既符合市场需要，又便于教学培训，更方便学生操作和调试。该设备不是单一的课程设置，而是集 PLC 控制、变频调速、步进调速、传感检测、气动、机械结构安装与系统调试等内容于一体。

一、知识准备

（一）设备图片

光机电一体化培训设备如图 1.1.1 所示。

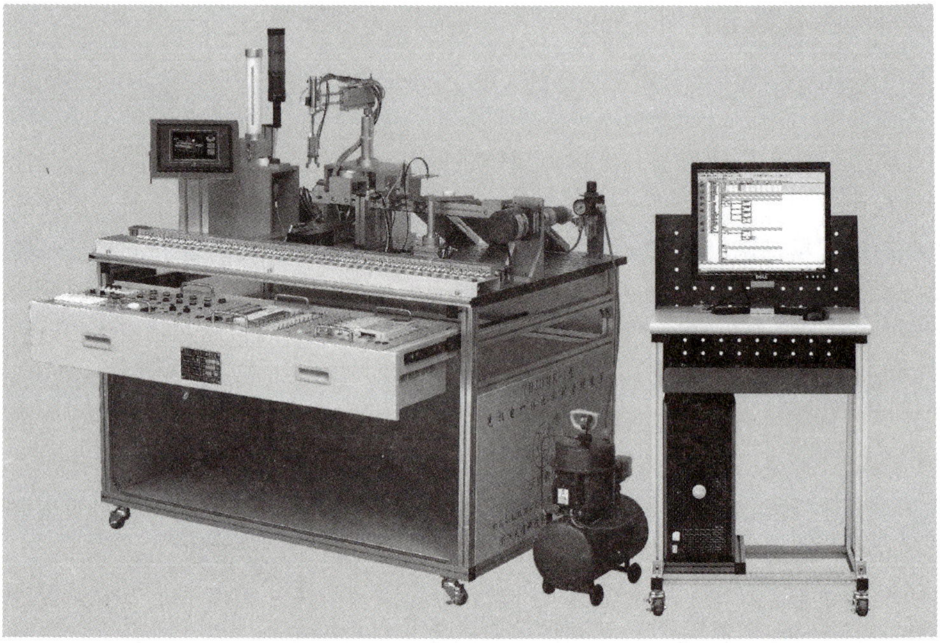

图 1.1.1　光机电一体化培训设备

（二）设备特点

该设备融典型机电一体化设备机械部件安装、气动系统的安装与调试、电气控制电路的安装和 PLC 编程、机电设备安装与调试、自动控制系统安装与调试于一体，满足实训教学和竞赛的需要。

该实训考核设备 PLC 模块 I/O 端子、变频器接线端子、交流电机接线端子、步进电机驱动器接线端子、各常用模块与 PLC 连接端子，均采用安全插座连接，使用带安全插头的导线进行电路连接；各光电开关、行程开关、传感器和指示元件的电路，则通过端子排进行连接。插拔线连接电路与端子排连接电路相结合，既保证学生基本技能的训练、形成和巩固，又保证电路连接的快速、安全和可靠。

（三）技术性能

输入电源：三相四线（或三相五线）~ 380×(1±10%)V；50 Hz。

工作环境：温度 -10 ~ +40 °C；相对湿度 ≤85%（25 °C）；海拔 < 4 000 m。

装置容量：≤1.5 kV · A。

外形尺寸：120 cm×80 cm×130 cm。

安全保护：具有漏电压、漏电流保护，符合国家安全标准。

（四）基本配置

光机电一体化培训设备基本配置见表 1.1.1。

表 1.1.1　光机电一体化培训设备的组成

序号	名称	主要元件规格或功能	数量	备注
1	型材实训台	1 200 mm×800 mm×840 mm	1 台	
2	触摸屏组件	7″工业彩色触摸屏	1 块	
3	西门子 PLC 主机、变频器模块	CPU ST40+EM DR08　8 路继电器输出扩展模块	1 台	
		MM420，三相输入，功率 0.75 kW	1 台	
4	电源模块	三相电源总开关（带漏电和短路保护）1 个，熔断器 3 只，单相电源插座 2 个，三相五线电源输出 1 组	1 件	
5	按钮模块	开关电源 24 V/6 A 1 只，急停按钮 1 只，复位按钮黄、绿、红各 1 只，自锁按钮黄、绿、红各 1 只，转换开关 2 只，蜂鸣器 1 只，24 V 指示灯黄、绿、红各 2 只	1 件	
6	井式上料机构	井式工件库 1 件，物料推出机构 1 件，光电传感器 2 只，磁性开关 2 只，单缸气缸 1 只，单控电磁阀 1 只，警示灯 1 只，主要作用是将工件库中的工件依次推出	1 件	
7	搬运机械手机构	单杆气缸 1 只，双杆气缸 1 只，气动气爪 1 只，电感传感器 1 只，磁性开关 5 只，行程开关 2 只，步进电机 1 只，步进驱动器 1 只，单控电磁阀 2 只，双控电磁阀 1 只，主要作用是将工件从上料搬运到输送带上	1 件	
8	皮带输送机构	三相交流减速电机（AC 380 V，输出转速 130 r/min）1 台，滚动轴承 4 只，滚轮 2 只，传输带 1 500 mm×67 mm×2 mm 1 条，主要作用是将工件输送到分拣区	1 件	
9	物件分拣机构	旋转气缸，电感传感器 1 只，光纤传感器 1 只，漫反射式光电传感器 1 只，对射式光电传感器 1 对，磁性开关 4 只，物料分拣槽 3 个，导料块 2 只，单控电磁阀 2 只，主要完成物料的分拣工作	1 件	
10	接线端子转换板	接线端子和安全插座	1 块	
11	物料	金属（铝）4 个，尼龙黑白各 4 个	12 个	
12	实训导线	强电导线/弱电导线若干	1 套	
13	气管	ϕ4/ϕ6 若干	1 套	
14	PLC 编程电缆	配套 PLC 使用	1 条	
15	配套光盘	PLC 编程软件（DEMO）、使用手册、程序等	1 套	
16	配套工具	工具箱：十字长柄螺丝刀，中、小号十字螺丝刀，钟表螺丝刀，剥线钳，尖嘴钳，剪刀，电烙铁，镊子，活动扳手，内六角扳手	1 套	
17	挂线架	TH-JD20	1 个	
18	静音气泵	0.6 ~ 0.8 MPa	1 台	
19	计算机推车	TH-JD21	1 台	
20	计算机	品牌机	1 台	用户自配

二、任务实施

1. 任务要求

通过认识电源模块，熟练掌握设备技术性能。

2. 认识电源模块

电源模块如图 1.1.2 所示。

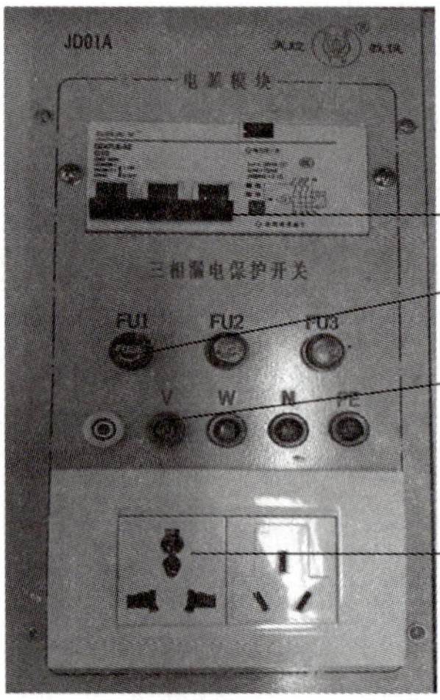

图 1.1.2　电源模块

3. 电源模块功能

（1）三相漏电保护开关：具有漏电压、漏电流保护和过载保护功能。

（2）熔断器：是根据电流超过规定值一段时间后，以其自身产生的热量使熔体熔化，从而使电路断开，运用这种原理制成的一种电流保护器。熔断器广泛应用于高低压配电系统和控制系统以及用电设备中，作为短路和过电流的保护器。

（3）三相五线制：包括三相电的三个相线（U、V、W 线）、中性线（N 线）或地线（PE 线）。中性线（N 线）就是零线。三相负载对称时，三相线路流入中性线的电流矢量和为零，但对于单独的一相来讲，电流不为零。三相负载不对称时，中性线的电流矢量和不为零，会产生对地电压。三相五线制标准导线颜色为：A 线黄色，B 线绿色，C 线红色，N 线黑色，PE 线黄绿色。三相五线制可提供 380 V 电源和 220 V 电源。

4. 电源获取方式

（1）380 V：U 相、V 相、W 相、PE 地线。

（2）220 V：U 相、N 相、PE 地线，V 相、N 相、PE 地线，W 相、N 相、PE 地线。

三、拓展与思考

（1）三相四线（或三相五线）380 V 的电压，偏差值为多少是在正常范围内？

（2）三相四线和三相五线的区别是什么？

任务二　光机电一体化设备机构组成

任务目的

（1）了解光机电一体化培训设备组成。

（2）掌握光机电一体化培训设备各机构的名称。

任务导入

光机电一体化培训设备由型材导轨式实训台、典型机电一体化设备机械部件、PLC 模块、变频器模块、按钮模块、电源模块、模拟生产设备实训模块（包含上料机构、搬运机械手、皮带输送线、物件分拣等）、接线端子排、各种传感器、警示灯和气动电磁阀等组成。整体结构采用开放式和拆装式设计，学生可以组装、接线、编程和调试由上料机构、搬运机械手机构、皮带输送线和物料分拣组成的光机电一体化设备。

一、知识准备

工作流程如图 1.2.1 所示。

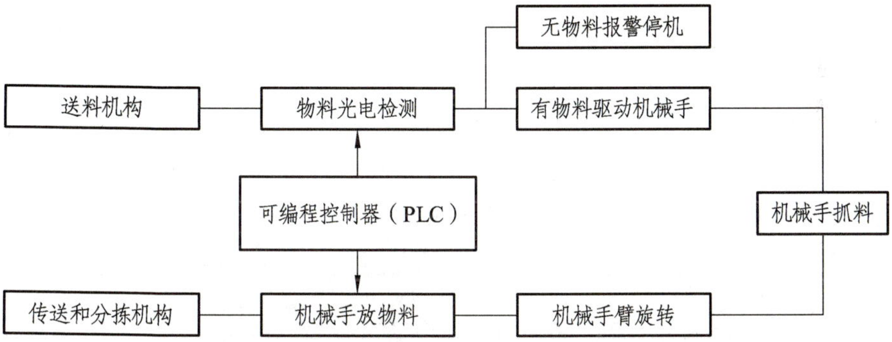

图 1.2.1　工作流程

二、任务实施

（一）任务要求

认识各个机构和各个机构中物件的名称。

（二）任务内容

（1）型材实训台如图 1.2.2 所示。

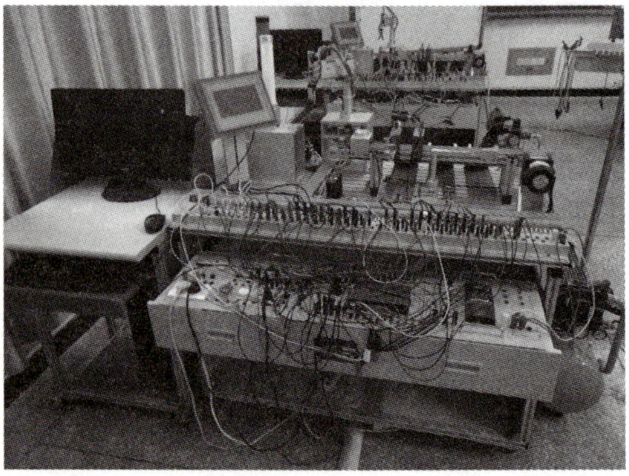

图 1.2.2　型材实训台

（2）Smart 700 触摸屏如图 1.2.3 所示。

图 1.2.3　触摸屏

（3）S7-200 Smart PLC 模块如图 1.2.4 所示。

该模块采用 CPU ST40 晶体管（24 路数字量输入/16 路晶体管输出）、一个 RS-485 通信口、一个以太网通信口、+EM DR08（8 路数字量输出），在 PLC 的每个输入端均有开关，PLC 主机的输入/输出接口均连到面板上，方便用户使用。

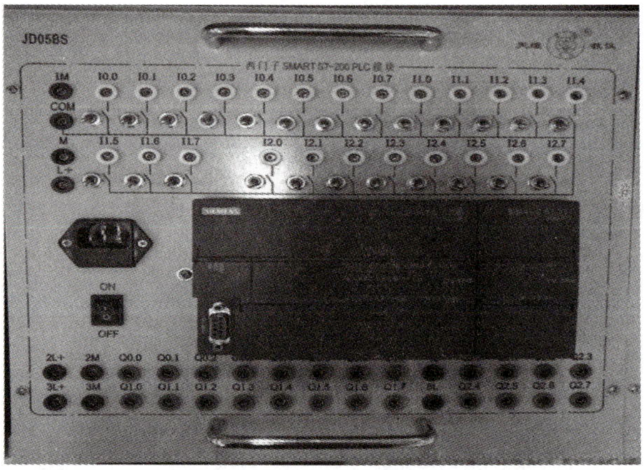

图 1.2.4　S7-200 Smart PLC 模块

（4）MM420 型变频器模块如图 1.2.5 所示。

该模块采用 MM420 变频器，三相 380 V 供电，输出功率 0.75 kW；集成 RS-485 通信接口，提供 BOP 操作面板；具有线性 V/F 控制、平方 V/F 控制、可编程多点设定 V/F 控制、磁通电流控制、直流转矩控制等功能；集成 3 路数字量输入/1 路继电器输出和 1 路模拟量输入/1 路模拟量输出；具备过电压、欠电压保护，变频器、电机过热保护，短路保护等功能；提供调速电位器，所有接口均采用安全插连接。

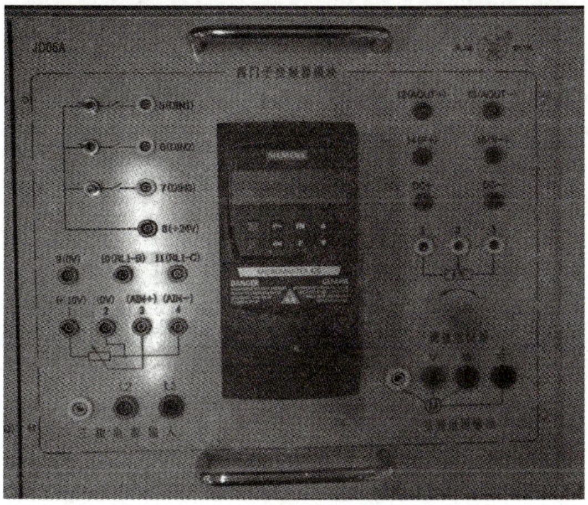

图 1.2.5　MM420 型变频器模块

（5）电源模块如图 1.2.6 所示。

三相四线 380 V 交流电源经三相电源总开关后给系统供电，设有保险丝，具有漏电和短路保护功能，提供单相双联暗插座，可以给外部设备、模块供电，并提供单、三相交流电源，同时配有安全连接导线。

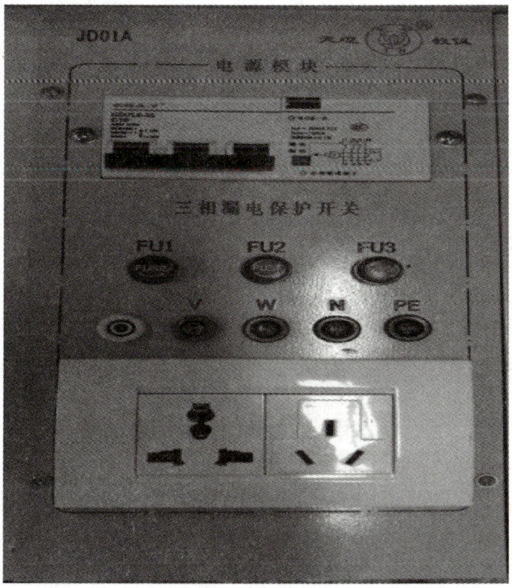

图 1.2.6　电源模块

（6）按钮模块如图 1.2.7 所示。

该模块提供红、黄、绿三种指示灯（DC 24 V），复位、自锁按钮，急停开关，转换开关和蜂鸣器；提供 24 V/6 A、12 V/5 A 直流电源，为外部设备提供直流电源。

图 1.2.7 按钮模块

（7）井式上料机构如图 1.2.8 所示。

光电传感器：物料检测为光电漫反射型传感器，推料气缸将物料推出到存放料台，有物料时为 PLC 提供一个输入信号。

推料气缸：依次将工件推到存放料台上，由单相电控气阀控制。

警示灯：在设备停止时指示红色，在设备运行时指示绿色，在无物料时黄色闪烁。

井式工件库：用于存放 ϕ32 mm 工件，料筒侧面有观察槽。

安装支架：用于安装工件库和推料气缸。

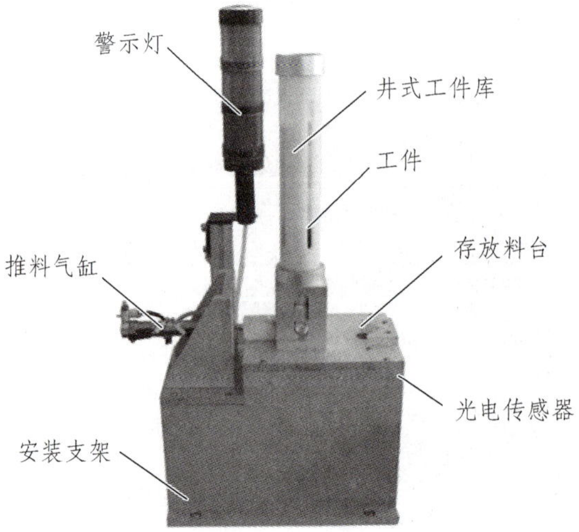

图 1.2.8 井式上料机构

（8）搬运机械手机构如图 1.2.9 所示。

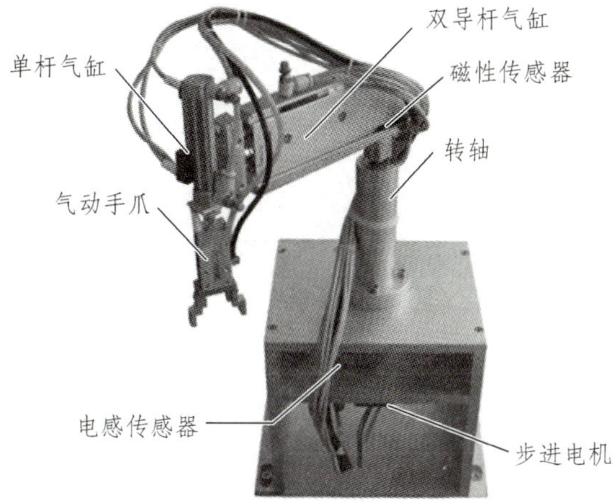

图 1.2.9　搬运机械手机构

气动手爪：完成工件的抓取动作，由双向电控阀控制，手爪夹紧时磁性传感器有信号输出，磁性开关指示灯亮。

双导杆气缸：控制机械手臂伸出、缩回，由电控气阀控制。

单杆气缸：控制气动手爪提升、下降，由电控气阀控制。

电感传感器：机械手臂左摆或右摆到位后，电感传感器信号输出（接线时注意棕色接“+”，蓝色接“-”，黑色接输出）。

磁性传感器：用于气缸的位置检测。当检测到气缸准确到位后将给 PLC 发出一个到位信号（磁性传感器接线时注意蓝色接“-”，棕色接“PLC 输入端”）。

步进电机及驱动器：用于控制机械手臂的旋转。通过脉冲个数进行精确定位。

（9）皮带输送机构（物件分拣机构）如图 1.2.10 所示。

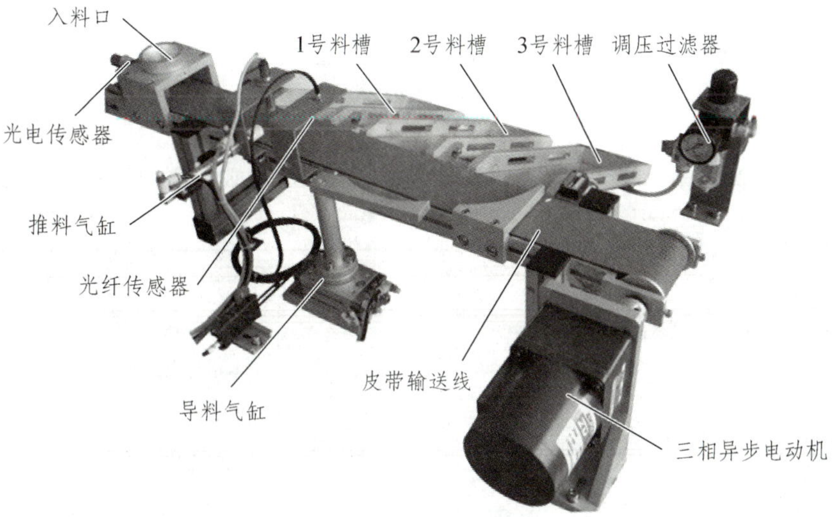

图 1.2.10　皮带输送机构

光电传感器：当有物料放入时，给 PLC 一个输入信号（接线时注意棕色接“+”，蓝色接“-”，黑色接输出）。

入料口：物料入料位置定位。

电感式传感器：检测金属材料，检测距离为 2~5 mm（接线时注意棕色接“+”，蓝色接“-”，黑色接输出）。

光纤传感器：用于检测非金属的白色物料，检测距离为 3~8 mm，通过传感器放大器的电位器可调（接线时注意棕色接“+”，蓝色接“-”，黑色接输出）。

1 号料槽：对物料进行分拣时，用于放置金属物料。

2 号料槽：对白色尼龙和黑色尼龙进行分拣时，用于放置白色尼龙。

3 号料槽：对白色尼龙和黑色尼龙进行分拣时，用于放置黑色尼龙。

推料气缸：将物料推入料槽，由单向电控气阀控制。

导料气缸：在检测到有白色物料时，将导料块旋转到相应的位置。

皮带输送线：由三相交流异步电动机拖动，将物料输送到相应的位置。

三相异步电动机：驱动传送带转动，由变频器控制。

（10）接线端子转换板如图 1.2.11 所示。

图 1.2.11　接线端子转换板

（11）物料如图 1.2.12 所示。

（12）实训导线（挂线架）如图 1.2.13 所示。

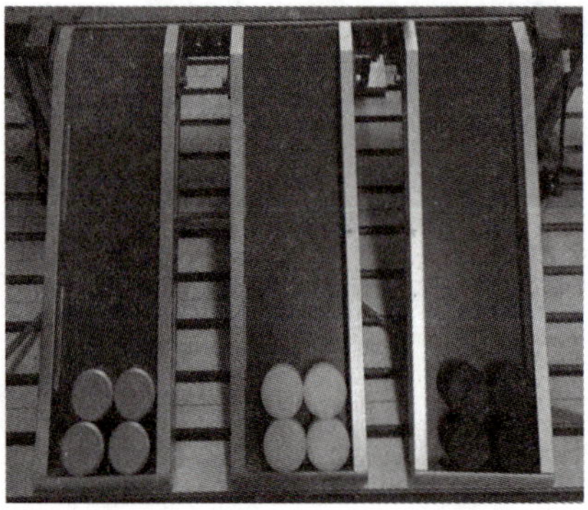

图 1.2.12　物料

图 1.2.13　实训导线

（13）静音气泵（气管）如图 1.2.14 所示。

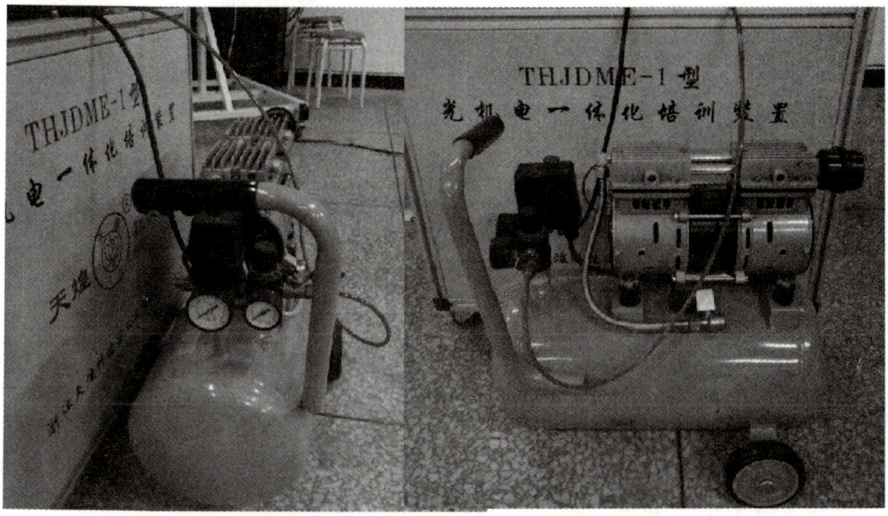

图 1.2.14　静音气泵

（14）计算机推车如图 1.2.15 所示。

图 1.2.15　计算机推车

三、拓展与思考

（1）计算机与 PLC 通信用什么线连接?

（2）触摸屏与 PLC 连接用什么电缆?

（3）触摸屏与计算机连接用什么电缆?

任务三　光机电一体化设备气动装置

任务目的

（1）了解光机电一体化培训设备气动原理。

（2）掌握光机电一体化培训设备气动基本元件。

任务导入

本设备电气控制部分集电源控制模块、按钮模块、可编程控制器模块、变频器模块、步进电机模块等于一体。系统采用模块式设计，各个模块均为通用模块，可以互换，扩展性强，提供的 PLC 实训内容全面、丰富，锻炼学生的实际动手能力，整个实训过程简单、明了、易懂、易学。在本系统中，所有电气元件均连接到接线端子排上，通过接线端子排连接到安全插孔，由安全接插孔连接到各个模块，提高实训考核装置的安全性。而在物料分拣系统中，气动控制作为主要驱动动力，是必不可少的知识点，在整体控制中占有重要地位。

一、知识准备

气动控制采用压缩空气作为传输信号或执行机构的动力。由压力控制阀、流量控制阀、方向控制阀、逻辑元件、传感元件和气动辅件连接起来即可组成气动控制系统。有三种情形会用到气动执行机构：① 运动的线路上有标准的单向气动阀门组合来完成控制逻辑功能；② 在气体管道中采用一些没有移动部件的元件，这些元件是依靠流过的气体的特性而进行开关动作的；③ 运动的逻辑控制系统，采用模块化的内置隔膜、绕线或套筒式。这三种气动元件都是采用压缩空气作为传输信号或执行机构的动力。在工厂中，由于压缩空气容易获得，干净、无污染，又安全，控制的功能和设计都十分简单，现在许多生产线上采用气动工具。

气动执行元件部分：单杆气缸、薄型气缸、气动手指、导杆气缸、双导杆气缸、旋转气缸。

气动控制元件部分：单控电磁阀、双控电磁阀。

气缸如图 1.3.1 所示。

气缸的正确运动使物料到达相应的位置，只要交换进出气的方向就能改变气缸的伸出（缩回）运动，气缸两侧的磁性开关可以识别气缸是否已经运动到位。

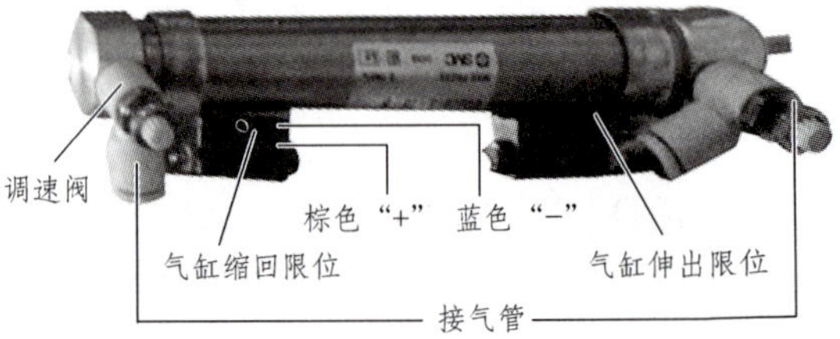

图 1.3.1　气缸

双向电磁阀如图 1.3.2 所示。

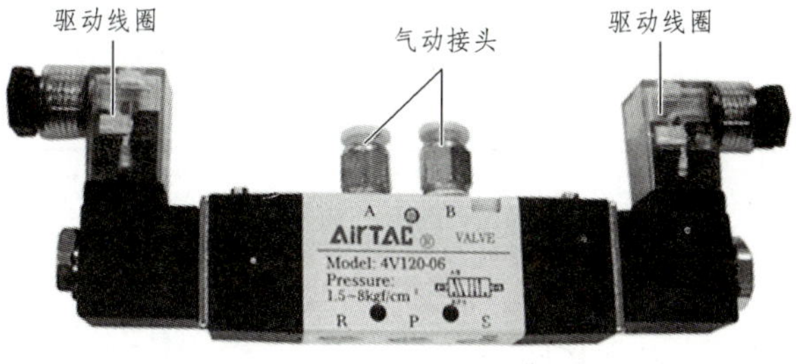

图 1.3.2 双向电磁阀

双向电控阀用来控制气缸进气和出气，从而实现气缸的伸出、缩回运动。

单向电磁阀如图 1.3.3 所示。

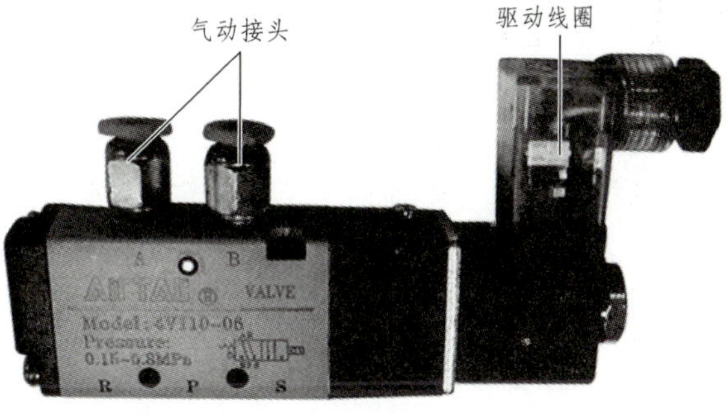

图 1.3.3 单向电磁阀

单向电磁阀用来控制气缸单向运动，实现气缸的伸出、缩回运动。与双向电磁阀的区别在于双向电磁阀的初始位置是任意的，可以控制两个位置，而单向电磁阀的初始位置是固定的，只能控制一个方向。

气动手指控制示意图如图 1.3.4 所示。

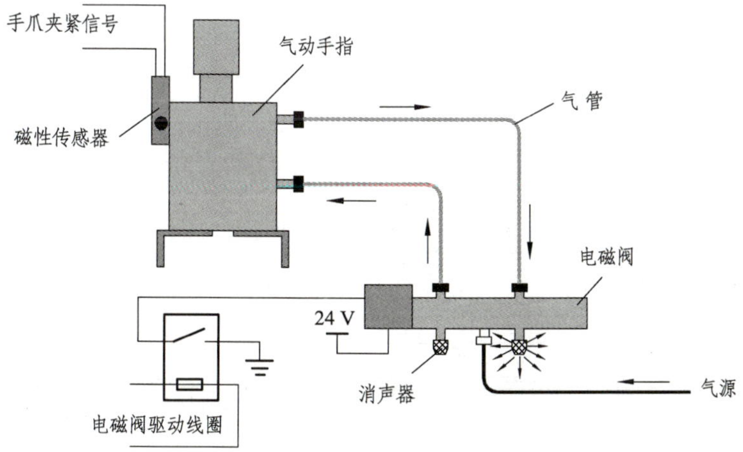

图 1.3.4 气动手指控制示意图

图 1.3.4 中的手爪夹紧由单向电控气阀控制，电控气阀得电，手爪夹紧；电控气阀断电后，手爪张开。

气动回路原理图如图 1.3.5 所示。

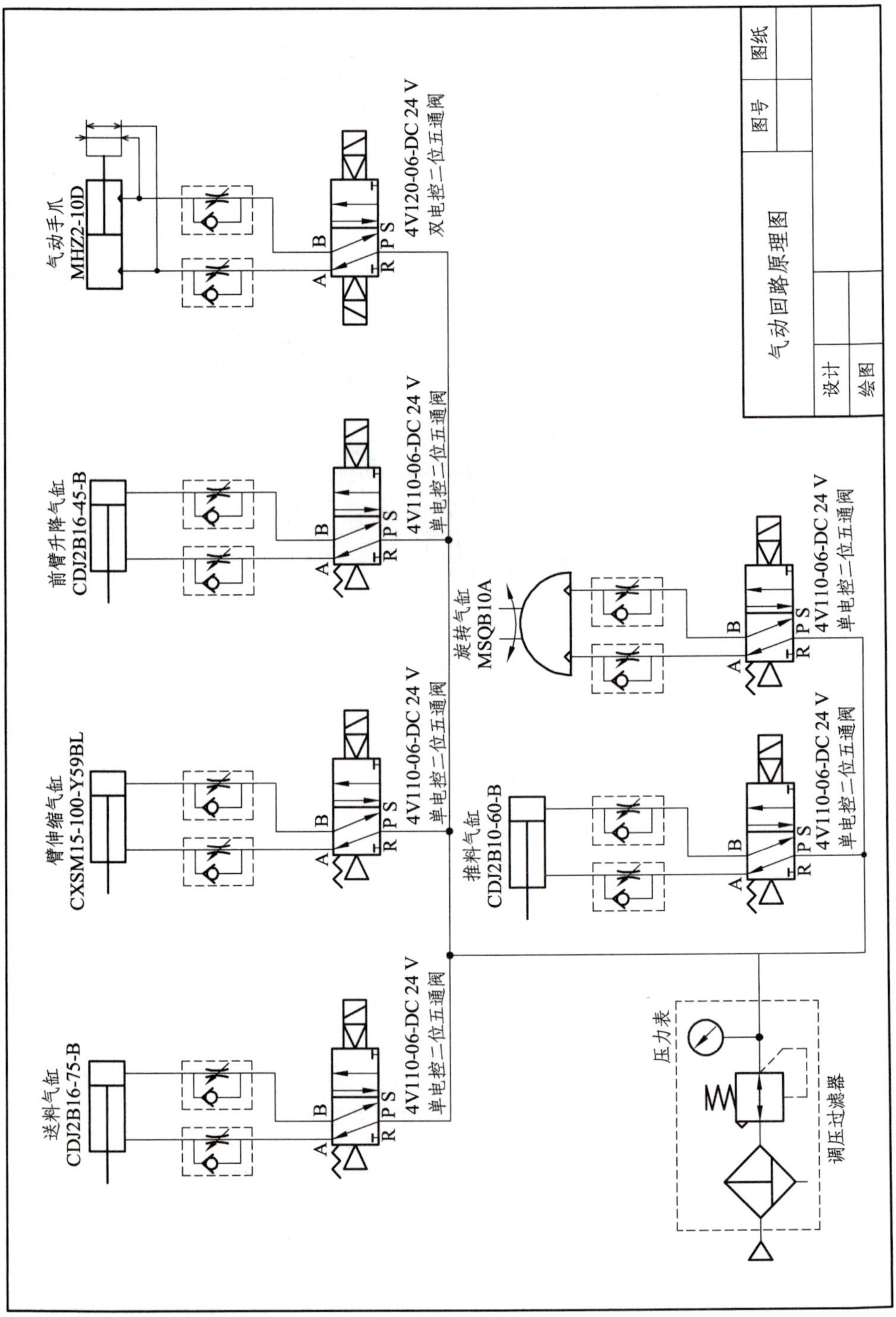

图 1.3.5　气动回路原理图

二、任务实施

（一）任务要求

掌握物料入仓的工作情况。

（二）任务内容

（1）物料入仓方法：推（直线运动）

（2）直线运动的方式：手动、机动或电动。

（3）气动控制回路：由执行元件、气源、气管、控制开关组成的回路（见图 1.3.6）。

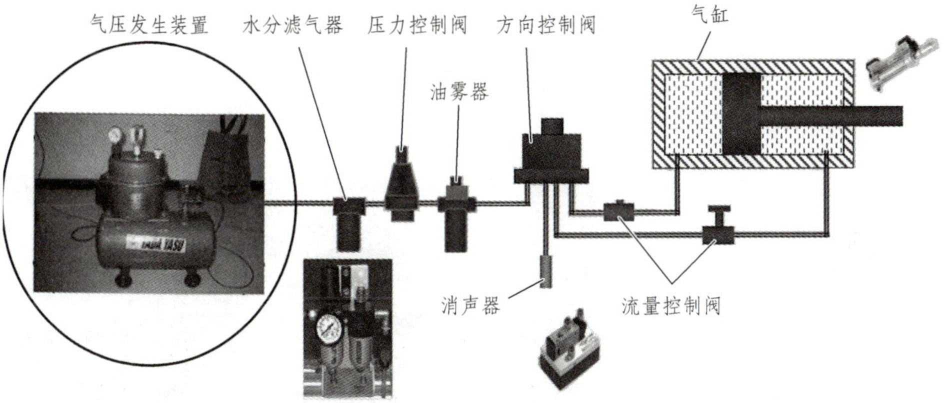

图 1.3.6　气动控制回路

（4）在光机电一体化培训设备实训台中找出两条气动控制回路。

三、拓展与思考

（1）气缸的伸出缩回速度可调控（见图 1.3.7）。

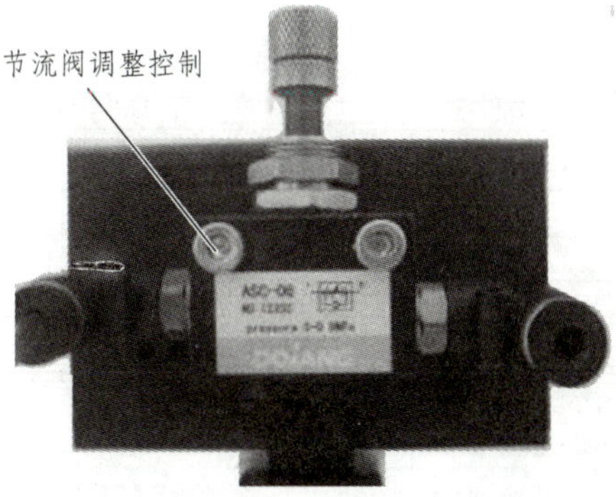

图 1.3.7　节流阀调控

（2）双作用缸控制所需器件

① 执行元件（双作用气缸）如图 1.3.8 所示。

图 1.3.8　执行元件

② 气源（空气压缩机）如图 1.3.9 所示。

③ 控制阀如图 1.3.10 所示。

图 1.3.9　气源

图 1.3.10　控制阀

④ 附件如图 1.3.11 所示。

（a）三联体

（b）气管

（c）管路接口

图 1.3.11　附件

任务四　光机电一体化设备步进电机

任务目的

（1）了解步进电机的工作原理。

（2）了解步进电机的工作特点。

（3）掌握步进电机驱动器的使用方法。

任务导入

步进电机是将电脉冲信号转变为角位移或线位移的开环控制电机，是现代数字程序控制系统中的主要执行元件，应用极为广泛，但步进电机并不能像普通的直流电机和交流电机在常规下使用。它必须由双环形脉冲信号、功率驱动电路等组成控制系统方可使用。因此，用好步进电机并非易事，它涉及机械、电机、电子及计算机等许多专业知识。步进电机作为执行元件，是机电一体化的关键产品之一，广泛应用在各种自动化控制系统中。

光机电一体化培训设备中，搬运机械手的控制是一个重要环节，而搬运机械手的左右摆动，是靠步进电机控制的，所以步进电机及其控制系统相关知识，是该设备必不可少的一个知识环节。

一、知识准备

（一）步进电机概述

步进电机又称为脉冲电机，基于最基本的电磁铁原理。它是一种可以自由回转的电磁铁，其动作原理是依靠气隙磁导的变化来产生电磁转矩。20 世纪初，在电话自动交换机中广泛使用了步进电机。20 世纪 50 年代后期晶体管的发明也逐渐应用在步进电机上，对于数字化的控制变得更为容易。20 世纪 80 年代后，廉价的微型计算机以多功能的姿态出现，步进电机的控制方式更加灵活多样。

步进电机相对于其他控制用途电机的最大区别是，它接收数字控制信号电脉冲信号并转化成与之相对应的角位移或直线位移，它本身就是一个完成数字模式转化的执行元件。而且它可开环位置控制，输入一个脉冲信号就得到一个规定的位置增量，这样的增量位置控制系统与传统的直流控制系统相比，其成本明显减低，几乎不必进行系统调整。步进电机的角位移量与输入的脉冲个数严格成正比，而且在时间上与脉冲同步。因而只要控制脉冲的数量、频率和电机绕组的相序，即可获得所需的转角、速度和方向。

我国的步进电机在 20 世纪 70—80 年代初开始起步，20 世纪 70 年代中期至 80 年代中期为成品发展阶段，新品种和高性能电机不断开发。目前，随着科学技术的发展，特别是永磁材料、半导体技术、计算机技术的发展，步进电机在众多领域得到了广泛应用。

作为一种控制用的特种电机，步进电机无法直接接到直流或交流电源上工作，必须使用专用的驱动电源步进电机驱动器。在微电子技术，特别计算机技术发展以前，控制器脉冲信号发生器完全由硬件实现，控制系统采用单独的元件或者集成电路组成控制回路，不仅调试安装复杂，还要消耗大量元器件，而且一旦定型之后，要改变控制方案就一定要重新设计电路。这就使得需要针对不同的电机开发不同的驱动器，开发难度和开发成本都很高，控制难度较大，限制了步进电机的推广。

步进电机是一个把电脉冲转换成离散的机械运动的装置，具有很好的数字控制特性，因此，计算机成为步进电机的理想驱动源，随着微电子和计算机技术的发展，软硬件结合的控制方式成为主流，即通过程序产生控制脉冲，驱动硬件电路。单片机通过软件来控制步进电机，更好地挖掘出了电机的潜力。因此，用单片机控制步进电机已成为一种必然的趋势，也符合数字化的时代趋势。

（二）步进电机主要分类

步进电机从其结构形式上可分为反应式步进电机（Variable Reluctance，VR）、永磁式步进电机（Permanent Magnet，PM）、混合式步进电机（Hybrid Stepping，HS）、单相步进电机、平面步进电机等多种类型，在我国所采用的步进电机中以反应式步进电机为主。步进电机的运行性能与控制方式有密切的关系，步进电机控制系统从其控制方式来看，可以分为以下三类：开环控制系统、闭环控制系统、半闭环控制系统。半闭环控制系统在实际应用中一般归类于开环或闭环系统中。

反应式步进电机：定子上有绕组，转子由软磁材料组成。结构简单，成本低，步距角小，可达 1.2°，但动态性能差，效率低，发热大，可靠性难保证。

永磁式步进电机：永磁式步进电机的转子用永磁材料制成，转子的极数与定子的极数相同。其特点是动态性能好、输出力矩大，但这种电机精度差，步矩角大（一般为 7.5°或 15°）。

混合式步进电机：混合式步进电机综合了反应式电机和永磁式电机的优点，其定子上有多相绕组，转子上采用永磁材料，转子和定子上均有多个小齿，以提高步矩精度。其特点是输出力矩大，动态性能好，步距角小，但结构复杂，成本相对较高。

按定子上绕组来分，共有二相、三相和五相等系列。最受欢迎的是两相混合式步进电机，占 97%以上的市场份额，其原因是性价比高，配上细分驱动器后效果良好。该种电机的基本步距角为 1.8°/步，配上半步驱动器后，步距角减小为 0.9°/步，配上细分驱动器后其步距角可细分达 256 倍（0.007°/微步）。由于摩擦力和制造精度等原因，实际控制精度略低。同一步进电机可配不同细分的驱动器，以改变精度和效果。

（三）步进电机和驱动器的选择方法

判断需多大力矩：静扭矩是选择步进电机的主要参数之一。负载大时，需采用大力矩电机。力矩指标大时，电机外形也大。

判断电机运转速度：转速要求高时，应选相电流较大、电感较小的电机，以增加功率输入，且在选择驱动器时采用较高供电电压。

选择电机的安装规格：如 57、86、110 等，主要与力矩要求有关。

确定定位精度和振动方面的要求情况：判断是否需细分，需多少细分。

根据电机的电流、细分和供电电压选择驱动器。

（四）步进电机基本原理

通常电机的转子为永磁体，当电流流过定子绕组时，定子绕组产生一矢量磁场。该磁场会带动转子旋转一角度，使得转子的一对磁场方向与定子的磁场方向一致。当定子的矢量磁场旋转一个角度，转子也随着该磁场转一个角度。每输入一个电脉冲，电动机转动一个角度前进一步。它输出的角位移与输入的脉冲数成正比，转速与脉冲频率成正比。改变绕组通电的顺序，电机就会反转。所以可用控制脉冲数量、频率及电动机各相绕组的通电顺序来控制步进电机的转动。

（五）步进电机发热原理

通常见到的各类电机，内部都是有铁心和绕组线圈的。绕组有电阻，通电会产生损耗，损耗大小与电阻和电流的平方成正比，这就是我们常说的铜损，如果电流不是标准的直流或正弦波，还会产生谐波损耗；铁心有磁滞涡流效应，在交变磁场中也会产生损耗，其大小与材料、电流、频率、电压有关，这叫铁损。铜损和铁损都会以发热的形式表现出来，从而影响电机的效率。步进电机一般追求定位精度和力矩输出，效率比较低，电流一般比较大，且谐波成分高，电流交变的频率也随转速而变化，因而步进电机普遍存在发热情况，且情况比一般交流电机严重。

（六）步进电机主要构造

步进电机也叫步进器，它利用电磁学原理，将电能转换为机械能，人们早在 20 世纪 20 年代就开始使用这种电机。随着嵌入式系统（如打印机、磁盘驱动器、玩具、雨刷、机械手臂和录像机等）的日益流行，步进电机的使用也开始暴增。不论在工业、军事、医疗、汽车还是娱乐业中，只要需要把某件物体从一个位置移动到另一个位置，步进电机就一定能派上用场。步进电机有许多种形状和尺寸，但不论形状和尺寸如何，它们都可以归为两类：可变磁阻步进电机和永磁步进电机。

步进电机是由一组缠绕在电机固定部件——定子齿槽上的线圈驱动的。通常情况下，一根绕成圈状的金属丝叫作螺线管，而在电机中，绕在齿上的金属丝则叫作绕组、线圈或相。

（七）步进电机加减速过程控制技术

正因为步进电机的广泛应用，对步进电机控制的研究也越来越多，在起动或加速时如果步进脉冲变化太快，转子由于惯性而跟随不上电信号的变化，产生堵转或失步在停止或减速时由于同样原因则可能产生超步。为防止堵转、失步和超步，提高工作频率，要对步进电机进行升降速控制。

步进电机的转速取决于脉冲频率、转子齿数和拍数。其角速度与脉冲频率成正比，而且在时间上与脉冲同步。因而在转子齿数和运行拍数一定的情况下，只要控制脉冲频率即可获得所需速度。由于步进电机是借助它的同步力矩而起动的，为了不发生失步，起动频率是不高的。特别是随着功率的增加，转子直径增大，惯量增大，起动频率和最高运行频率可能相差十倍之多。

步进电机的启动频率特性使步进电机起动时不能直接达到运行频率，而要有一个起动过程，即从一个低的转速逐渐升速到运行转速。停止时运行频率不能立即降为零，而要有一个高速逐渐降速到零的过程。

步进电机的输出力矩随着脉冲频率的上升而下降，起动频率越高，起动力矩就越小，带动负载的能力越差，起动时会造成失步，而在停止时又会发生过冲。要使步进电机快速地达到所要求的速度又不失步或过冲，其关键在于使加速过程中，加速度所要求的力矩既能充分利用各个运行频率下步进电机所提供的力矩，又不能超过这个力矩。因此，步进电机的运行一般要经过加速、匀速、减速三个阶段，要求加减速过程时间尽量短，恒速时间尽量长。特别是在要求快速响应的工作中，从起点到终点运行的时间要求最短，这就必须要求加速、减速的过程最短，而恒速时的速度最高。

国内外科技工作者对步进电机的速度控制技术进行了大量的研究，建立了多种加减速控制数学模型，如指数模型、线性模型等，并在此基础上设计开发了多种控制电路，改善了步进电机的运动特性，拓展了步进电机的应用范围。指数加减速考虑了步进电机固有的矩频特性，既能保证步进电机在运动中不失步，又充分发挥了电机的固有特性，缩短了升降速时间，但因电机负载的变化，很难实现。而线性加减速仅考虑电机在负载能力范围的角速度与脉冲成正比这一关系，不因电源电压、负载环境的波动而变化，这种升速方法的加速度是恒定的，其缺点是未充分考虑步进电机输出力矩随速度变化的特性，步进电机在高速时会发生失步。

（八）步进电机的细分驱动控制

步进电机由于受到自身制造工艺的限制，如步距角的大小由转子齿数和运行拍数决定，但转子齿数和运行拍数是有限的，因此步进电机的步距角一般较大且是固定的，步进的分辨率低，缺乏灵活性，在低频运行时振动、噪声比其他微电机都高，使物理装置容易疲劳或损坏。这些缺点使步进电机只能应用在一些要求较低的场合，对要求较高的场合，只能采取闭环控制，增加了系统的复杂性，这些缺点严重限制了步进电机作为优良的开环控制组件的有效利用。细分驱动技术在一定程度上有效地克服了这些缺点。

细分驱动技术在 20 世纪 90 年代中期得到了较大的发展，主要应用在工业、航天、机器人、精密测量等领域，如跟踪卫星用光电经纬仪、军用仪器、雷达等设备。细分驱动技术的广泛应用，使得电机的相数不受步距角的限制，为产品设计带来了方便。目前在步进电机的细分驱动技术上，采用斩波恒流驱动、脉冲宽度调制驱动、电流矢量恒幅均匀旋转驱动等控制技术大大提高了步进电机的运转精度，使步进电机在中、小功率应用领域向高速且精密化的方向发展。

最初，对步进电机相电流的控制是由硬件来实现的，通常采用两种方法，采用多路功率开关电流供电，在绕组上进行电流叠加，这种方法使功率管损耗少，但由于路数多，所需器件多，体积大。

先对脉冲信号叠加，再经功率管线性放大，获得阶梯形电流，优点是所用器件少，但功率管功耗大，系统功率低，如果管子工作在非线性区，会引起失真，由于本身不可克服的缺点，目前已很少采用这两类方法。

（九）指标术语

1. 步进电机静态指标术语

（1）相数：产生不同对极 N、S 磁场的激磁线圈对数，常用 m 表示。

（2）拍数：完成一个磁场周期性变化所需脉冲数或导电状态，用 n 表示，或指电机转过一个齿距角所需脉冲数。以四相电机为例，有四相四拍运行方式，即 AB-BC-CD-DA-AB，四相八拍运行方式，即 A-AB-B-BC-C-CD-D-DA-A。

（3）步距角：对应一个脉冲信号，电机转子转过的角位移用 θ 表示。$\theta = 360°/$（转子齿数×运行拍数），以常规二、四相，转子齿数为 50 的齿电机为例。四拍运行时步距角为 $\theta = 360°/(50\times4) = 1.8°$（俗称整步），八拍运行时步距角为 $\theta = 360°/(50\times8)= 0.9°$（俗称半步）。

（4）定位转矩：电机在不通电状态下，电机转子自身的锁定力矩（由磁场齿形的谐波以及机械误差造成的）。

（5）静转矩：电机在额定静态电压作用下，电机不做旋转运动时，电机转轴的锁定力矩。此力矩是衡量电机体积的标准，与驱动电压及驱动电源等无关。虽然静转矩与电磁激磁安匝数成正比，与定齿转子间的气隙有关，但过分采用减小气隙，增加激磁安匝来提高静力矩是不可取的，这样会造成电机的发热及机械噪声。

2. 步进电机动态指标术语

（1）步距角精度：步进电机每转过一个步距角的实际值与理论值的误差。用百分比表示：（误差/步距角）×100%。不同运行拍数其值不同，四拍运行时应在 5%之内，八拍运行时应在 15%以内。

（2）失步：电机运转时运转的步数，不等于理论上的步数，称之为失步。

（3）失调角：转子齿轴线偏移定子齿轴线的角度，电机运转必存在失调角，由失调角产生的误差，采用细分驱动是不能解决的。

（4）最大空载起动频率：电机在某种驱动形式、电压及额定电流下，在不加负载的情况下，能够直接起动的最大频率。

（5）最大空载的运行频率：电机在某种驱动形式、电压及额定电流下，电机不带负载的最高转速频率。

（6）运行矩频特性：电机在某种测试条件下测得运行中输出力矩与频率关系的曲线称为运行矩频特性，这是电机诸多动态曲线中最重要的，也是电机选择的根本依据。

其他特性还有惯频特性、起动频率特性等。电机一旦选定，电机的静力矩确定，而动态力矩却不然，电机的动态力矩取决于电机运行时的平均电流（而非静态电流），平均电流越大，电机输出力矩越大，即电机的频率特性越硬。要使平均电流大，可尽可能提高驱动电压，采用小电感大电流的电机。

（7）电机的共振点：步进电机均有固定的共振区域，二、四相感应子式的共振区一般在 180~250 pps（步距角 1.8°）或在 400 pps 左右（步距角为 0.9°），电机驱动电压越高，电机电流越大，负载越轻，电机体积越小，则共振区向上偏移，反之亦然。为使电机输出力矩大，不失步和整个系统的噪声降低，一般工作点均应偏移共振区较多。

（8）电机正反转控制：当电机绕组通电时序为 AB-BC-CD-DA 或（ ）时为正转，通电时序为 DA-CD-BC-AB 或（ ）时为反转。

（十）特点和特性

1. 步进电机的主要特点

（1）一般步进电机的精度为步进角的 3%~5%，且不累积。

（2）步进电机外表允许的最高温度。步进电机温度过高首先会使电机的磁性材料退磁，从而导致力矩下降乃至于失步，因此电机外表允许的最高温度应取决于不同电机磁性材料的退磁点。一般来讲，磁性材料的退磁点都在 130 °C 以上，有的甚至在 200 °C 以上，所以步进电机外表温度在 80~90 °C 完全正常。

（3）步进电机的力矩会随转速的升高而下降。当步进电机转动时，电机各相绕组的电感将形成一个反向电动势，频率越高，反向电动势越大。在它的作用下，电机随频率（或速度）的增大而相电流减小，从而导致力矩下降。

（4）步进电机低速时可以正常运转，但若高于一定速度就无法起动，并伴有啸叫声。步进电机有一个技术参数：空载起动频率，即步进电机在空载情况下能够正常起动的脉冲频率。如果脉冲频率高于该值，电机不能正常起动，可能发生失步或堵转。在有负载的情况下，起动频率应更低。如果要使电机达到高速转动，脉冲频率应该有加速过程，即起动频率较低，然后按一定加速度升到所希望的高频（电机转速从低速升到高速）。

步进电动机以其显著的特点，在数字化制造时代发挥着重要的用途。伴随着数字化技术的发展以及步进电机技术的提高，步进电机将会在更多的领域得到应用。

2. 步进电机的主要特性

（1）步进电机必须加驱动才可以运转，驱动信号必须为脉冲信号，没有脉冲的时候，步进电机静止，如果加入适当的脉冲信号，就会以一定的角度（称为步角）转动。转动速度与脉冲频率成正比。

（2）三相步进电机的步进角度为 7.5°，一圈 360°，需要 48 个脉冲完成。

（3）步进电机具有瞬间起动和急速停止的优越特性。

（4）改变脉冲的顺序，可以方便地改变转动的方向。

（十一）步进电机控制策略*

1. PID 控制

PID（比例、积分和微分）控制作为一种简单而实用的控制方法，在步进电机驱动中获得了广泛的应用。它根据给定值 $r(t)$与实际输出值 $c(t)$构成控制偏差 $e(t)$，将偏差的比例、积分和微分通过线性组合构成控制量，对被控对象进行控制。将集成位置传感器用于二相混合式步进电机中，以位置检测器和矢量控制为基础，设计一个可自动调节的 PI 速度控制器，此控制器在变工况的条件下能提供令人满意的瞬态特性。根据步进电机的数学模型，设计步进电机的 PID 控制系统，采用 PID 控制算法得到控制量，从而控制电机向指定位置运动。PID 控制器具有结构简单、健壮性强、可靠性高等优点，但是它无法有效应对系统中的不确定信息。

目前，PID 控制更多的是与其他控制策略相结合，形成带有智能的新型复合控制。这种智能复合型控制具有自学习、自适应、自组织的能力，能够自动辨识被控过程参数，自动整定控制参数，适应被控过程参数的变化，同时又具有常规 PID 控制器的特点。

2. 自适应控制

自适应控制是在 20 世纪 50 年代发展起来的自动控制领域的一个分支。随着被控制对象日趋复杂化，当其动态特性不可知或发生不可预测的变化时，为得到高性能的控制效果，自适应控制应运而生。其主要优点是容易实现和自适应速度快，能有效地克服电机模型参数的缓慢变化所引起的影响，是输出信号跟踪参考信号。根据步进电机的线性或近似线性模型推导出了全局稳定的自适应控制算法，这些控制算法都严重依赖于电机模型参数。将闭环反馈控制与自适应控制结合来检测转子的位置和速度，通过反馈和自适应处理，按照优化的升降运行曲线，自动地发出驱动的脉冲串，提高了电机的拖动力矩特性，同时使电机获得更精确的位置控制和较高较平稳的转速。

目前，将自适应控制与其他控制方法相结合，以解决单纯自适应控制的不足。设计的健壮自适应低速伺服控制器，确保了转动脉矩的最大化补偿及伺服系统低速高精度的跟踪控制性能。实现的自适应模糊 PID 控制器可以根据输入误差和误差变化率的变化，通过模糊推理在线调整 PID 参数，实现对步进电机的自适应控制，从而有效地提高系统的响应时间、计算精度和抗干扰性。

3. 矢量控制

矢量控制是现代电机高性能控制的理论基础，可以改善电机的转矩控制性能。它通过磁场定向将定子电流分为励磁分量和转矩分量分别加以控制，从而获得良好的解耦特性，因此，矢量控制既需要控制定子电流的幅值，又需要控制电流的相位。由于步进电机不仅存在主电磁转矩，还有由于双凸结构产生的磁阻转矩，且内部磁场结构复杂，非线性较一般电机严重得多，所以它的矢量控制也较为复杂。二相混合式步进电机 d-q 轴数学模型，以转子永磁磁链为定向坐标系，令直轴电流 $i_d = 0$，电动机电磁转矩与 i_q 成正比，用 PC 机实现了矢量控制系统。系统中使用传感器检测电机的绕组电流和转子位置，用 PWM 方式控制电机绕组电流。基于磁网络的二相混合式步进电机模型，给出了其矢量控制位置伺服系统的结构，采用神经网络模型，参考自适应控制策略对系统中的不确定因素进行实时补偿，通过最大转矩/电流矢量控制实现电机的高效控制。

4. 智能控制的应用

智能控制不依赖或不完全依赖控制对象的数学模型，只按实际效果进行控制，在控制中有能力考虑系统的不确定性和精确性，突破了传统控制必须基于数学模型的框架。目前，智能控制在步进电机系统中应用较为成熟的是模糊控制、神经网络与智能控制的集成。

1）模糊控制

模糊控制就是在被控制对象的模糊模型的基础上，运用模糊控制器的近似推理等手段，实现系统控制的方法。作为一种直接模拟人类思维结果的控制方式，模糊控制已广泛应用于工业控制领域。与常规控制相比，模糊控制无须精确的数学模型，具有较强的健壮性、自适应性，因此适用于非线性、时变、时滞系统的控制。模糊控制在二相混合式步进电机速度控制中应用时，系统为超前角控制，设计无须数学模型，速度响应时间短。

2）神经网络

神经网络是利用大量的神经元按一定的拓扑结构和学习调整的方法。它可以充分逼近任意复杂的非线性系统，能够学习和自适应未知或不确定的系统，具有很强的健壮性和容错性，因而在步进电机系统中得到了广泛的应用。将神经网络用于实现步进电机最佳细分电流，在学习中使用 Bayes 正则化算法，使用权值调整技术可避免多层前向神经网络陷入局部极小点，有效解决了等步距角细分问题。

（十二）测速方法

步进电机将脉冲信号转换为角位移或线位移。它具有以下特点：

一是过载性好。其转速不受负载大小的影响，不像普通电机，当负载加大时就会出现速度下降的情况，步进电机使用时对速度和位置都有严格要求。

二是控制方便。步进电机是以“步”为单位旋转的，数字特征比较明显。

三是整机结构简单。传统的机械速度和位置控制结构比较复杂，调整困难，使用步进电机后，使得整机的结构变得简单和紧凑。测速电机是将转速转换成电压，并传递到输入端作为反馈信号。测速电机为一种辅助型电机，在普通直流电机的尾端安装测速电机，通过测速电机所产生的电压反馈给直流电源，来达到控制直流电机转速的目的。

（十三）功能模块设计

单片机系统：控制步进电机。

外围电路：PIC 单片机和步进电机的接口电路。

PIC 程序：编写单片机控制步进电机的接口程序，实现三角波信号的输出功能。

1. 步进电机与单片机的接口

单片机是性能极佳的控制处理器，在控制步进电机工作时，接口部件必须要有下列功能。

（1）电压隔离功能。

单片机工作在 5 V，而步进电机工作在几十伏，甚至更高。一旦步进电机的电压串联到单片机中，就会损坏单片机；步进电机的信号会干扰单片机，也可能导致系统工作失误，因此接口器件必须要有隔离功能。

（2）信息传递功能。

接口部件应能够把单片机的控制信息传递给步进电机回路，产生工作所需的控制信息，对应于不同的工作方式，接口部件应能产生相应的工作控制波形。

（3）产生所需的不同频率。

为了使步进电机以不同的速度工作，以适应不同的目的，接口部件应能产生不同的工作频率。

2. 电压隔离接口

电压隔离接口专用于隔离低压部分的单片机和高压部分的步进电机驱动电路，以保证它们的正常工作。

电压隔离接口可以用脉冲变压器或光电隔离器，一般采用光电隔离器。单片机输出信号可以通过 TTL 门电路或者直接送到晶体管的基极，再由晶体管驱动光电耦合器件的发光二极管。

在光电耦合器件内部，发光二极管的光照到光敏管上，转换成电信号，再去驱动步进电机的功率放大电路，电流放大接口是步进电机功放电路的前置放大电路。它的作用是把光电隔离器的输出信号进行电流放大，以便向功放电路提供足够大的驱动电流。

3. 工作方式接口和频率发生器

用单片机控制步进电动机,需要在输入输出接口上用 3 条 I/O 线对步进电动机进行控制，这时，单片机用 I/O 口的 RA0、RA1、RA2 控制步进电动机的三相。

（十四）优点及缺陷

1. 步进电机的优点

（1）电机旋转的角度正比于脉冲数；

（2）电机停转的时候具有最大的转矩（当绕组激磁时）；

（3）由于每步的精度在 3%~5%，且不会将一步的误差积累到下一步，因而有较好的位置精度和运动重复性；

（4）优秀的起停和反转响应；

（5）由于没有电刷，可靠性较高，电机的寿命仅仅取决于轴承的寿命；

（6）电机的响应仅由数字输入脉冲确定，因而可以采用开环控制，这使得电机的结构可以比较简单而且能控制成本；

（7）仅仅将负载直接连接到电机的转轴上也可以极低速地同步旋转；

（8）速度正比于脉冲频率，因而有比较宽的转速范围。

2. 步进电机的缺陷

（1）控制不当容易产生共振；

（2）难以运转到较高的转速；

（3）难以获得较大的转矩；

（4）在体积重量方面没有优势，能源利用率低；

（5）超过负载时会破坏同步，高速工作时会发出振动和噪声。

（十五）驱动方法

步进电机不能直接接到工频交流或直流电源上工作，而必须使用专用的步进电动机驱动器。它由脉冲发生控制单元、功率驱动单元、保护单元等组成。驱动单元与步进电动机直接耦合，也可理解成步进电动机微机控制器的功率接口。

（十六）驱动要求

（1）能够提供较快的电流上升和下降速度，使电流波形尽量接近矩形。

具有供截止期间释放电流流通的回路，以降低绕组两端的反电动势，加快电流衰减。

（2）具有较高的功率及效率。

步进电机驱动器把控制系统发出的脉冲信号转化为步进电机的角位移，或者说，控制系统每发一个脉冲信号，通过驱动器就使步进电机旋转一个步距角。也就是说，步进电机的转速与脉冲信号的频率成正比。所以，控制步进脉冲信号的频率，就可以对电机精确调速；控制步进脉冲的个数，就可以对电机精确定位。步进电机驱动器有很多，应以实际的功率要求合理地选择驱动器。

（十七）电机的选择

步进电机有步距角（涉及相数）、静转矩及电流三大要素。一旦三大要素确定，步进电机的型号便确定下来了。

1. 步距角的选择

电机的步距角取决于负载精度的要求，将负载的最小分辨率（当量）换算到电机轴上，每个当量电机应走多少角度（包括减速），电机的步距角应等于或小于此角度。市场上步进电机的步距角一般有 0.36°/0.72°（五相电机）、0.9°/1.8°（二、四相电机）、1.5°/3°（三相电机）等。

2. 静力矩的选择

步进电机的动态力矩一下子很难确定，我们往往先确定电机的静力矩。静力矩选择的依据是电机工作的负载，而负载可分为惯性负载和摩擦负载两种。单一的惯性负载和单一的摩擦负载是不存在的。直接起动（一般由低速起动）时两种负载均要考虑，加速起动时主要考虑惯性负载，恒速运行时只需要考虑摩擦负载。一般情况下，静力矩应为摩擦负载的 2~3 倍，静力矩一旦选定，电机的机座及长度（几何尺寸）便能确定下来。

3. 电流的选择

静力矩相同的电机，由于电流参数不同，其运行特性差别很大，可依据矩频特性曲线判断电机的电流。

（十八）使用注意事项

（1）步进电机应用于低速场合——转速不超过 1 000 r/min，0.9°时 6 666 pps，最好在 1 000~3 000 pps（0.9°）使用，可通过减速装置使其在此间工作，此时电机工作效率高，噪声小。

（2）步进电机最好不使用整步状态，整步状态时振动大。

（3）由于历史原因，只有标称为 12 V 电压的电机使用 12 V 电压外，其他电机的电压值不是驱动电压幅值，可根据驱动器选择驱动电压（建议：57BYG 采用直流 24~36 V，86BYG 采用直流 50 V，110BYG 高于直流 80 V）。当然，12 V 的电压除 12 V

恒压驱动外也可以采用其他驱动电源，不过要考虑温升。

（4）转动惯量大的负载应选择大机座号电机。

（5）电机在较高速或大惯量负载时，一般不在工作速度起动，而采用逐渐升频提速。一是电机不失步；二是在减少噪声的同时可以提高停止的定位精度。

（6）高精度时，应通过机械减速、提高电机速度，或采用高细分数的驱动器来解决，也可以采用五相电机。

（7）电机不应在振动区内工作，如若必须，可通过改变电压、电流或加一些阻尼来解决。

（8）电机在 600 pps（0.9°）以下工作，应采用小电流、大电感、低电压来驱动。

（9）应遵循先选电机后选驱动的原则。

二、任务实施

（一）任务要求

认识雷赛 57 系列三相步进电机的技术参数。

（二）功能特性

（1）步距角：1.2°；

（2）机座号：57；

（3）保持转矩：0.9~1.5 N · m；

（4）转矩大；

（5）运行平稳；

（6）低发热；

（7）低噪声。

（三）技术参数

（1）一般规格见表 1.4.1。

表 1.4.1　一般规格

步距角精度	0.06°（空载、整步）
温升	80 K
使用环境	温度：-10~+50 °C；湿度：85%（最大）
绝缘等级	B
绝缘电阻	100 MΩ（最小）（DC 500 V 时）
耐电压	AC 1 000 V（1 min）
径向跳动	0.025 mm（最大）（负载 5 N）
轴向跳动	0.075 mm（最大）（负载 10 N）

（2）技术规格见表 1.4.2。

表 1.4.2　技术规格

型号	保持转矩/（N·m）	额定电流/A	转动惯量/（kg·cm^2）	定位转矩/（N·m）	质量/kg
573S09	0.9	3.5	0.3	0.04	0.75
573S15	1.5	3.5	0.48	0.068	1.1

（3）矩频曲线如图 1.4.1 所示。

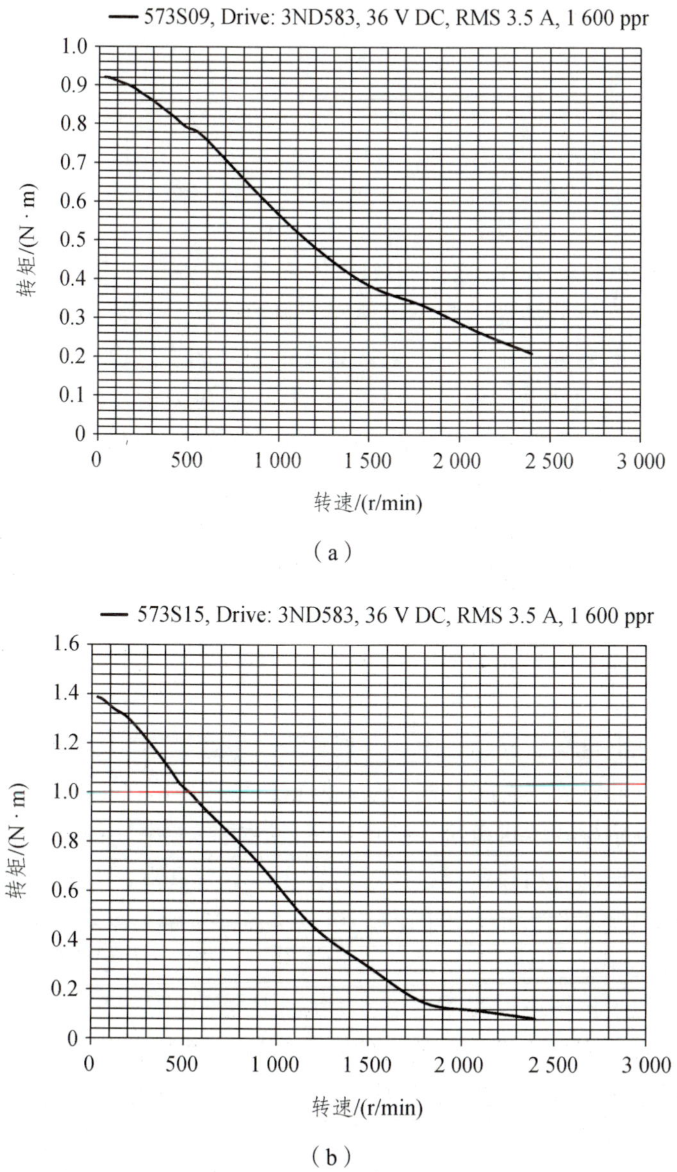

图 1.4.1　矩频曲线

（4）接线图如图 1.4.2 所示。

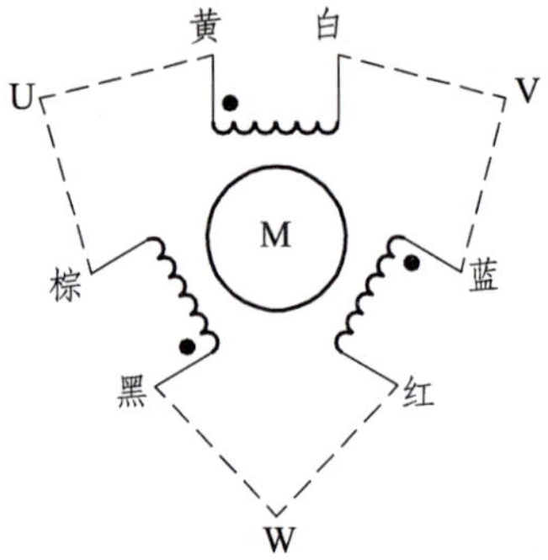

图 1.4.2　接线图

三、拓展与思考

（一）选用步进电机的步骤

第一步：步进电机的保持转矩，相当于传统电机所说的“功率”。当然，它们有着本质的区别。步进电机的物理结构完全不同于普通的交、直流电机，它的输出功率是可变的。通常根据需要的转矩大小，来选择哪种型号的步进电机。大致来说，扭力在 0.8 N · m 以下的，一般选择 28、35、39、42 规格；扭力在 1 N · m 左右的，选择 57 电机较为合适。扭力在几牛 · 米或更大的情况下，就应当选择转矩更大的 75、85、86、90、110、130 等规格的步进电机。同时，还应考虑电机的转速。因为电机的输出转矩与转速成反比关系。就是说，步进电机在低速（每分钟几百转或更低转速，其输出转矩较大），在高速旋转状态的转矩就很小了。当然，有些工作环境需要高速电机，就要对步进电机的线圈电阻、电感等指标进行综合权衡。选择电感稍小一些的电机，作为高速电机，能够获得较大输出转矩。反之，要求低速、大力矩的情况下，就要选择电感在十几或几十毫亨，电阻也要大一些为好。

第二步：步进电机空载起动频率，一般称为“空起频率”。这是选购步进电机很重要的一项指标。如果要求在瞬间频繁起动、停止，并且转速在 1 000 r/min 左右或更高，最好选择反应式或永磁式步进电机，这些电机的“空起频率”都比较高。

第三步：步进电机的相数选择，这项内容往往不受重视，大多是随便购买。其实，不同相数的电机，其工作效果是不同的。相数越多，步距角就能够做得比较小，工作时的振动就相对小一些。大多数场合，使用两相、三相、五相混合式步进电机较多。在高速、大力矩的工作环境，选择三相步进电机是很实用的。

第四步：防水防腐型步进电机能够防水、防油，适用于某些特殊场合。例如水下机器人，就需要防水电机。75BYG 系列步进电机大多具有防水结构。对于特种用途的电机，就要针对性地进行选择了。

第五步：特殊规格的步进电机，通常需要和生产厂家沟通，在技术允许的范围内，加工订做。例如，出轴的直径、长短、伸出方向等。

（二）步进电机的噪声控制方法

（1）通过改变减速比等机械传动避开共振区；

（2）采用带有细分功能的驱动器；

（3）换成步距角更小的步进电机；

（4）换成交流伺服电机，几乎可以完全克服振动和噪声；

（5）在电机轴上加磁性阻尼器。

（三）步进电机调速注意特点

步进电机高速运转时不能直接使用普通的交/直流电源，需要专用的伺服控制器，应注意以下特点：

（1）可以用数字信号直接进行开环控制，整个系统简单、成本低，位移与输入脉冲信号数相对应，步距误差不长期积累，开环控制系统既简单又具有一定的精度；在要求更高精度时，也可以采用闭环控制系统。

（2）由于步进电机无刷，本体部件少，可靠性高。

（3）易于起动、停止和正反转，速度响应性好；停止时一般有自锁能力。

（4）步距角可在大范围内选择，在小步距情况下，能够在超低转速下高转距稳定运行，可以不经减速器直接驱动负载。

（5）速度可在相当宽范围内平滑调节，可以用一台控制器同时控制几台步进电机完全同步运行。

（6）步进电机带惯性负载能力较差，由于存在失步和共振问题，步进电机的加减速方法在不同的应用状态下，情况较为复杂。

（四）减少电源对步进电机干扰的方法

步进电机在数字化的制造时代发挥了重要的用途，但是步进电机也并非没有缺点，步进电机容易遭受到电流电压的影响，对接收机系统造成干扰，使其不能够正常工作。

那么，对于这个问题该如何解决呢？可以加装电源滤波器，从而减少对交流电源的污染；也可以将电源滤波器的地、驱动器、控制脉冲和方向脉冲短接后的引出线、电机接地线、驱动器与电机之间电缆防护套、驱动器屏蔽线均接到机箱壁上的接地柱上，并要求接触良好；还可以使用屏蔽线减轻外界对自己的干扰，或电源线对外界的干扰。

（五）步进电机起动运行时失控与失步检查步骤

步进电机起动运行时失控与失步一般要考虑从以下方面做检查。

（1）电机力矩是否足够大，能否带动负载。一般推荐用户选型时要选用力矩比实际需要大 50%~100%的电机，因为步进电机不能过负载运行，哪怕是瞬间，都会造成失步，严重时会停转或不规则原地反复转动。

（2）上位控制器输入走步脉冲的电流是否够大（一般要>10 mA），以使光电耦合器件稳定导通。输入的频率是否过高，导致接收不到。如果上位控制器的输出电路是

CMOS 电路，则也要选用 CMOS 输入型的步进驱动器。

（3）起动频率是否太高，在起动程序上是否设置了加速过程，最好从电机规定的起动频率内开始加速到设定频率（哪怕加速时间很短），否则可能会不稳定，甚至处于惰态。

（4）电机未固定好，有时会出现此状况，则属于正常情况。因为实际上此时造成了电机的强烈共振而导致进入失步状态，所以电机必须固定好。

（5）对于五相电机来说，相位接错，电机也不能工作。

（六）两相步进电机和四相步进电机的区别

两相步进电机在定子上只有 2 个绕组、4 根引出线，一般整步步距角为 1.8°，半步步距角为 0.9°，驱动器只需通过对两相绕组电流通断进行控制就可以了；而四相步进电机在定子上有 4 个绕组、8 根引出线，整步为 0.9°，半步为 0.45°，驱动器需要对 4 个绕组进行控制，电路的复杂性和成本都会增加。因此，一般两相步进电机配两相驱动器，需要更小的步距角时，可以采用细分驱动器。

（七）防止步进电机运行时出现失步和误差的方法

步进电机是一种性能良好的数字化执行元件，在数控系统的点位控制中，可利用步进电机作为驱动电机。在开环控制中，步进电机由一定频率的脉冲控制。由 PLC 直接产生脉冲来控制步进电机可以有效地简化系统的硬件电路，进一步提高可靠性。PLC 是以循环扫描方式工作，其扫描周期一般在几毫秒至几十毫秒之间，由于受到 PLC 工作方式的限制以及扫描周期的影响，步进电机不能在高频下工作。例如，若控制步进电机的脉冲频率为 4 000 Hz，则脉冲周期为 0.25 ms，这样脉冲周期的数量级就比扫描周期小很多。如果采用此频率来控制步进电机，则 PLC 在还未完成输出刷新任务时就已经发出许多个控制脉冲，但步进电机仍一动不动，便出现了严重的失步现象。若控制步进电机的脉冲频率为 100 Hz，则脉冲周期为 10 ms，与 PLC 的扫描周期约处于同一数量级，步进电机运行时也可能会产生较大的误差。因此，使用 PLC 驱动步进电机时，为防止步进电机运行时出现失步与误差，步进电机应在低频下运行，脉冲信号频率选为十至几十赫兹，这可以利用程序设计加以实现，以解决定位精度与提高定位速度之间的矛盾。

步进电机的转速与其控制脉冲的频率成正比，当步进电机在极低频下运行时，其转速必然很低。为了保证系统的定位精度，脉冲当量即步进电机转一个步距角时刀具或工作台移动的距离又不能太大，这两个因素合在一起带来了一个突出问题：定位时间太长。例如，若步进电机的工作频率为 20 Hz，即 50 ms 走一步，取脉冲当量为 $\delta = 0.01$ mm/步，则 1 s 刀具或工作台移动的距离为 $20 \times 0.01 = 0.2$（mm），1 min 移动的距离为 $60 \times 0.2 = 12$（mm），如果定位距离为 120 mm，则定位时间需要 10 min，如此慢的定位速度在实际运行中是难以忍受的。

为了保证定位精度，脉冲当量不能太大，但却影响了定位速度。因此，如何既能提高定位速度，同时又能保证定位精度是一项需要认真考虑并切实加以解决的问题。

（八）步进电机的起动频率不能过高的原因

步进电机的起动频率不能过高，这是因为步进电机刚起动时转速为零，在起动过程中，电磁转矩除了克服负载阻转矩外，还要克服转动部分的惯性掩蔽，所以起动时电机的负担比连续运转更重。

如果起动时脉冲频率过高，则转子的速度就跟不上定子磁场旋转的速度，以致第一步完成后的位置落后于平衡位置较远，以后各步中转子速度增加不多，而定子磁场仍然以正比于脉冲频率的速度向前转动，因此转子与平衡位置之间的距离越来越大，最后因转子位置落到动稳定区以外而出现失步或是振荡现象，因而使电机不能起动。

为了能正常起动，起动频率不能过高，当电机起动后再逐步升高频率。

任务五 光机电一体化设备传感器

任务目的

（1）了解传感器的主要作用和特点。

（2）了解传感器的主要组成和功能。

（3）掌握传感器常见的种类和控制方式。

任务导入

传感器是一种检测装置，能感受到被测量的信息，并能将感受到的信息，按一定规律变换为电信号或其他所需形式的信息输出，以满足信息的传输、处理、存储、显示、记录和控制等要求。在光机电一体化培训装置中，要实现培训装置的自动控制，传感器是必不可少的重要元件。

一、知识准备

GB/T 7665—2005《传感器通用术语》对传感器的定义是：“能感受规定的被测量件并按照一定的规律（数学函数法则）转换成可用信号的器件或装置，通常由敏感元件和转换元件组成”。

传感器的特点包括微型化、数字化、智能化、多功能化、系统化和网络化。它是实现自动检测和自动控制的首要环节。传感器的存在和发展，让物体有了触觉、味觉和嗅觉等感官，让物体慢慢变得“活”了起来。

（一）传感器的主要作用

人们为了从外界获取信息，必须借助于感觉器官。而单靠人们自身的感觉器官，在研究自然现象和规律以及生产活动中它们的功能就远远不够了。为适应这种情况，就需要传感器。因此可以说，传感器是人类五官的延伸，又称之为电五官。

新技术革命的到来，世界开始进入信息时代。在利用信息的过程中，首先要解决的是要获取准确可靠的信息,而传感器是获取自然和生产领域中信息的主要途径与手段。

在现代工业生产尤其是自动化生产过程中，要用各种传感器来监视和控制生产过程中的各个参数，使设备工作在正常状态或最佳状态，并使产品达到优良的质量。因此可以说，没有众多的优良的传感器，现代化生产也就失去了基础。

在基础学科研究中，传感器更具有突出的地位。现代科学技术的发展，进入了许多新领域。例如在宏观上要观察茫茫宇宙，微观上要观察粒子世界，纵向上要观察天体演化。此外，还出现了对深化物质认识、开拓新能源、新材料等具有重要作用的各种极端技术，如超高温、超低温、超高压、超高真空、超强磁场、超弱磁场等。显然，要获取大量人类感官无法直接获取的信息，没有相应的传感器是不可能的。许多基础科学研究的障碍，首先就在于对信息的获取存在困难，而一些新机理和高灵敏度的检测传感器的出现，往往会导致该领域内的突破。一些传感器的发展，往往是一些边缘学科开发的先驱。

传感器早已渗透到诸如工业生产、宇宙开发、海洋探测、环境保护、资源调查、医学诊断、生物工程，甚至文物保护等极其广泛的领域。可以毫不夸张地说，从茫茫的太空，到浩瀚的海洋，以至各种复杂的工程系统，几乎每一个现代化项目，都离不开各种各样的传感器。

由此可见，传感器技术在发展经济、推动社会进步方面的重要作用，是十分明显的。世界各国都十分重视这一领域的发展。相信不久的将来，传感器技术将会出现一个飞跃。

（二）传感器的组成

传感器一般由敏感元件、转换元件、变换电路和辅助电源四部分组成，如图 1.5.1 所示。

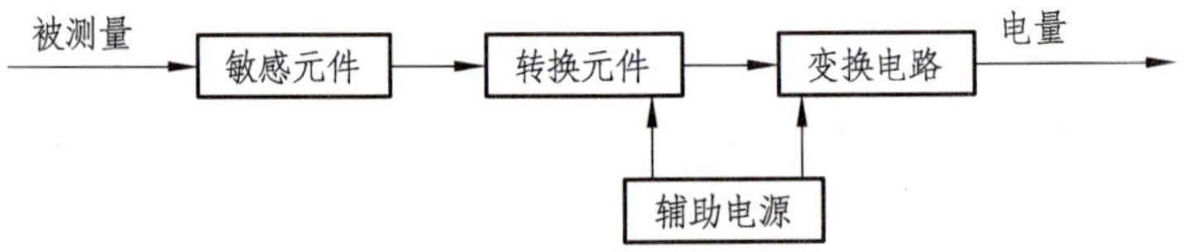

图 1.5.1　传感器的组成

敏感元件直接感受被测量，并输出与被测量有确定关系的物理量信号；转换元件将敏感元件输出的物理量信号转换为电信号；变换电路负责对转换元件输出的电信号进行放大调制；转换元件和变换电路一般还需要辅助电源供电。

（三）主要功能

常将传感器的功能与人类五大感觉器官相比拟：

光敏传感器——视觉；
声敏传感器——听觉；
气敏传感器——嗅觉；
化学传感器——味觉；
压敏、温敏、流体传感器——触觉。
敏感元件分为以下几类：
物理类：基于力、热、光、电、磁和声等物理效应。
化学类：基于化学反应的原理。
生物类：基于酶、抗体和激素等分子识别功能。

通常据其基本感知功能可分为热敏元件、光敏元件、气敏元件、力敏元件、磁敏元件、湿敏元件、声敏元件、放射线敏感元件、色敏元件和味敏元件等十大类。

（四）常见种类

1. 电阻式传感器

电阻式传感器是将被测量，如位移、形变、力、加速度、湿度、温度等物理量转换成电阻值的一种器件，主要有电阻应变式、压阻式、热电阻、热敏、气敏、湿敏等电阻式传感器件。

2. 变频功率传感器

变频功率传感器通过对输入的电压、电流信号进行交流采样，再将采样值通过电缆、光纤等传输系统与数字量输入二次仪表相连，数字量输入二次仪表对电压、电流的采样值进行运算，可以获取电压有效值、电流有效值、基波电压、基波电流、谐波电压、谐波电流、有功功率、基波功率、谐波功率等参数。

3. 称重传感器

称重传感器是一种能够将重力转变为电信号的力-电转换装置，是电子衡器的一个关键部件。

能够实现力-电转换的传感器有多种，常见的有电阻应变式、电磁力式和电容式等。电磁力式传感器主要用于电子天平，电容式传感器用于部分电子吊秤，而绝大多数衡器产品所用的还是电阻应变式称重传感器。电阻应变式称重传感器结构较简单，准确度高，适用面广，且能够在相对比较差的环境下使用。因此电阻应变式称重传感器在衡器中得到了广泛运用。

4. 电阻应变式传感器

传感器中的电阻应变片具有金属的应变效应，即在外力作用下产生机械形变，从而使电阻值随之发生相应的变化。电阻应变片主要有金属和半导体两类，金属应变片有金属丝式、箔式、薄膜式。半导体应变片具有灵敏度高（通常是丝式、箔式的几十倍）、横向效应小等优点。

5. 压阻式传感器

压阻式传感器是根据半导体材料的压阻效应在半导体材料的基片上经扩散电阻而制成的器件。其基片可直接作为测量传感元件，扩散电阻在基片内接成电桥形式。当基片受到外力作用而产生形变时，其电阻值将发生变化，电桥就会产生相应的不平衡输出。

用作压阻式传感器的基片（或称膜片）材料主要为硅片和锗片，硅片作为敏感材料的硅压阻传感器越来越受到人们的重视，尤其是以测量压力和速度的固态压阻式传感器应用最为普遍。

6. 热电阻传感器

热电阻传感器测温是基于金属导体的电阻值随温度的增加而增加这一特性来进行温度测量的。

热电阻大都由纯金属材料制成，目前应用最多的是铂和铜，此外，已开始采用镍、锰和铑等材料制造热电阻。

热电阻传感器主要是利用电阻值随温度变化而变化这一特性来测量温度及与温度有关的参数。在温度检测精度要求比较高的场合，这种传感器比较适用。较为广泛的热电阻材料为铂、铜、镍等，它们具有电阻温度系数大、线性好、性能稳定、使用温度范围宽、加工容易等特点，用于测量-200 ~ +500 °C 范围内的温度。

热电阻传感器分为以下两类：

（1）NTC 热电阻传感器：

该类传感器为负温度系数传感器，即传感器阻值随温度的升高而减小。

（2）PTC 热电阻传感器：

该类传感器为正温度系数传感器，即传感器阻值随温度的升高而增大。

7. 激光传感器

激光传感器是利用激光技术进行测量的传感器。它由激光器、激光检测器和测量电路组成。激光传感器是新型测量仪表，它的优点是能实现无接触远距离测量，速度快，精度高，量程大，抗光、电干扰能力强等。

激光传感器工作时，先由激光发射二极管对准目标发射激光脉冲。经目标反射后激光向各方向散射。部分散射光返回到传感器接收器，被光学系统接收后成像到雪崩光电二极管上。雪崩光电二极管是一种内部具有放大功能的光学传感器，因此它能检测极其微弱的光信号，并将其转化为相应的电信号。

利用激光的高方向性、高单色性和高亮度等特点可实现无接触远距离测量。激光传感器常用于长度（ZLS-Px）、距离（LDM4x）、振动（ZLDS10X）、速度（LDM30x）、方位等物理量的测量，还可用于探伤和大气污染物的监测等。

8. 霍尔传感器

霍尔传感器是根据霍尔效应制作的一种磁场传感器，广泛地应用于工业自动化、检测及信息处理等方面。霍尔效应是研究半导体材料性能的基本方法。通过霍尔效应实验测定的霍尔系数，能够判断半导体材料的导电类型、载流子浓度及载流子迁移率等重要参数。

霍尔传感器分为线性型霍尔传感器和开关型霍尔传感器两种。

（1）线性型霍尔传感器：由霍尔元件、线性放大器和射极跟随器组成，它输出模拟量。

（2）开关型霍尔传感器：由稳压器、霍尔元件、差分放大器、斯密特触发器和输出级组成，它输出数字量。

霍尔电压随磁场强度的变化而变化，磁场越强，电压越高，磁场越弱，电压越低。霍尔电压值很小，通常只有几毫伏，但经集成电路中的放大器放大，就能使该电压放大到足以输出较强的信号。若使霍尔集成电路起传感作用，需要用机械的方法来改变磁场强度。例如，用一个转动的叶轮作为控制磁通量的开关，当叶轮叶片处于磁铁和霍尔集成电路之间的气隙中时，磁场偏离集成片，霍尔电压消失。这样，霍尔集成电路的输出电压的变化，就能表示出叶轮驱动轴的某一位置，利用这一工作原理，可将霍尔集成电路片用作用点火正时传感器。霍尔效应传感器属于被动型传感器，它要有外加电源才能工作，这一特点使它能检测转速低的运转情况。

9. 温度传感器

（1）室温、管温传感器：室温传感器用于测量室内和室外的环境温度，管温传感器用于测量蒸发器和冷凝器的管壁温度。室温传感器和管温传感器的形状不同，但温度特性基本一致。按温度特性划分，室温、管温传感器有两种类型：常数 B 值为 4 100×（1±3%）K，基准电阻为 25 °C 对应电阻 10×（1±3%） KΩ。在 0 °C 和 55 °C 对应电阻公差约为±7%；而 0 °C 以下及 55 °C 以上，对于不同的供应商，电阻公差会有一定的差别。温度越高，阻值越小；温度越低，阻值越大。离 25 °C 越远，对应电阻公差范围越大。

（2）排气温度传感器：排气温度传感器用于测量压缩机顶部的排气温度，常数 B 值为 3 950（1±3%）K，基准电阻为 90 °C 对应电阻 5×（1±3%） kΩ。

（3）模块温度传感器：模块温度传感器用于测量变频模块（IGBT 或 IPM）的温度，感温头的型号为 602F-3500F，基准电阻为 25 °C 对应电阻 6×（1±1%） kΩ。几个典型温度的对应阻值分别是：−10 °C→（25.897 ~ 28.623）kΩ；0 °C→（16.324 8 ~ 17.716 4）kΩ；50 °C→（2.326 2 ~ 2.515 3）kΩ；90 °C→（0.667 1 ~ 0.756 5）kΩ。

温度传感器的种类很多，经常使用的热电阻有：PT100、PT1000、Cu50、Cu100；热电偶：B、E、J、K、S 等。温度传感器不但种类繁多，而且组合形式多样，应根据不同的场所选用合适的产品。

测温原理：根据电阻阻值、热电偶的电势随温度不同发生有规律的变化的原理，我们可以得到所需要测量的温度值。

10. 无线温度传感器

无线温度传感器将控制对象的温度参数变成电信号，并对接收终端发送无线信号，对系统实行检测、调节和控制。可直接安装在一般工业热电阻、热电偶的接线盒内，与现场传感元件构成一体化结构。通常和无线中继、接收终端、通信串口、电子计算机等配套使用，这样不仅节省了补偿导线和电缆，而且减少了信号传递失真和干扰，从而获得高精度的测量结果。

无线温度传感器广泛应用于化工、冶金、石油、电力、水处理、制药、食品等自动化行业，例如，高压电缆上的温度采集，水下等恶劣环境的温度采集，运动物体上的温度采集，不易连线通过的空间传输传感器数据，单纯为降低布线成本选用的数据采集方案，没有交流电源的工作场合的数据测量，便携式非固定场所数据测量。

11. 智能传感器

智能传感器的功能是通过模拟人的感官和大脑的协调动作，结合长期以来测试技术的研究和实际经验而提出来的，是一个相对独立的智能单元，它的出现对原来硬件性能苛刻要求有所减轻，而靠软件帮助可以使传感器的性能大幅度提高。

（1）信息存储和传输：随着全智能集散控制系统（Smart Distributed System）的飞速发展，对智能单元要求具备通信功能，用通信网络以数字形式进行双向通信，这也是智能传感器关键标志之一。智能传感器通过测试数据传输或接收指令来实现各项功能，如增益设置、补偿参数设置、内检参数设置、测试数据输出等。

（2）自补偿和计算功能：多年来从事传感器研制的工程技术人员一直为传感器的温度漂移和输出非线性做大量的补偿工作，但都没有从根本上解决问题。而智能传感器的自补偿和计算功能为传感器的温度漂移和非线性补偿开辟了新的道路。这样，放宽传感器加工精密度要求，只要能保证传感器的重复性好，利用微处理器对测试的信号通过软件计算，采用多次拟合和差值计算方法对漂移和非线性进行补偿，从而能获得较精确的测量结果压力传感器。

（3）自检、自校、自诊断功能：普通传感器需要定期检验和标定，以保证它在正常使用时足够的准确度，这些工作一般要求将传感器从使用现场拆卸送到实验室或检验部门进行，在线测量传感器出现异常则不能及时诊断。采用智能传感器情况则大有改观，首先，自诊断功能在电源接通时进行自检，诊断测试以确定组件有无故障；其次，根据使用时间可以在线进行校正，微处理器利用存在 EPROM 内的计量特性数据进行对比校对。

（4）复合敏感功能：观察周围的自然现象，常见的信号有声、光、电、热、力、化学等。敏感元件测量一般通过两种方式：直接测量和间接测量。而智能传感器具有复合功能，能够同时测量多种物理量和化学量，给出能够较全面反映物质运动规律的信息。

12. 光敏传感器

光敏传感器是最常见的传感器之一，它的种类繁多，主要有光电管、光电倍增管、光敏电阻、光敏三极管、太阳能电池、红外线传感器、紫外线传感器、光纤式光电传感器、色彩传感器、CCD 和 CMOS 图像传感器等。它的敏感波长在可见光波长附近，包括红外线波长和紫外线波长。光敏传感器不只局限于对光的探测，它还可以作为探测元件组成其他传感器，对许多非电量进行检测，只要将这些非电量转换为光信号的变化即可。光传感器是目前产量最多、应用最广的传感器之一，它在自动控制和非电量电测技术中占有非常重要的地位。最简单的光敏传感器是光敏电阻，当光子冲击接合处就会产生电流。

13. 生物传感器

1）生物传感器的概念

生物传感器是用生物活性材料，如酶、蛋白质、DNA、抗体、抗原、生物膜等，对被测对象进行了分子识别，获取相关特征信息，再将这些特征信息转换为电信号输出。各种生物传感器有以下共同的结构：包括一种或数种相关生物活性材料（生物膜）及能把生物活性表达的信号转换为电信号的物理或化学换能器（传感器），二者组合在一起，用现代微电子和自动化仪表技术进行生物信号的再加工，构成各种可以使用的生物传感器分析装置、仪器和系统。

2）生物传感器的原理

待测物质经扩散作用进入生物活性材料，经分子识别，发生生物学反应，产生的信息继而被相应的物理或化学换能器转变成可定量和可处理的电信号，再经二次仪表放大并输出，便可知道待测物浓度。

3）生物传感器的分类

按照其感受器中所采用的生命物质分类，可分为微生物传感器、免疫传感器、组织传感器、细胞传感器、酶传感器、DNA 传感器等。

按照传感器器件检测的原理分类，可分为热敏生物传感器、场效应管生物传感器、压电生物传感器、光学生物传感器、声波道生物传感器、酶电极生物传感器、介体生物传感器等。

按照生物敏感物质相互作用的类型分类，可分为亲和型和代谢型两种。

14. 视觉传感器

1）工作原理

视觉传感器具有从一整幅图像捕获光线的数以千计的像素。图像的清晰和细腻程度通常用分辨率来衡量，以像素数量表示。

在捕获图像之后，视觉传感器将其与内存中存储的基准图像进行比较，以作出分析。例如，若视觉传感器被设定为辨别正确地插有 8 颗螺栓的机器部件，则传感器知道应该拒收只有 7 颗螺栓的部件，或者螺栓未对准的部件。此外，无论该机器部件位于视场中的哪个位置，无论该部件是否在360°范围内旋转，视觉传感器都能作出判断。

2）应用领域

视觉传感器的低成本和易用性已吸引机器设计师和工艺工程师将其集成入各类曾经依赖人工、多个光电传感器，或根本不检验的应用。视觉传感器的工业应用包括检验、计量、测量、定向、瑕疵检测和分检。以下是一些应用范例：

（1）在汽车组装厂，检验由机器人涂抹到车门边框的胶珠是否连续，是否有正确的宽度；

（2）在瓶装厂，校验瓶盖是否正确密封、装灌液位是否正确，以及在封盖之前没有异物掉入瓶中；

（3）在包装生产线，确保在正确的位置粘贴正确的包装标签；

（4）在药品包装生产线，检验阿司匹林药片的泡罩式包装中是否有破损或缺失的药片；

（5）在金属冲压公司，以超过150片/min的速度检验冲压部件，比人工检验快13倍以上。

15. 位移传感器

位移传感器又称为线性传感器，是把位移转换为电量的传感器。位移传感器是一种属于金属感应的线性器件，传感器的作用是把各种被测物理量转换为电量。它分为电感式位移传感器、电容式位移传感器、光电式位移传感器、超声波式位移传感器和霍尔式位移传感器。

在这种转换过程中有许多物理量（如压力、流量、加速度等）常常需要先变换为位移，然后再将位移变换成电量。因此，位移传感器是一类重要的基本传感器。在生产过程中，位移的测量一般分为测量实物尺寸和机械位移两种。机械位移包括线位移和角位移。按被测变量变换的形式不同，位移传感器可分为模拟式和数字式两种。模拟式又可分为物性型（如自发电式）和结构型两种。常用位移传感器以模拟式结构型居多，包括电位器式位移传感器、电感式位移传感器、自整角机、电容式位移传感器、电涡流式位移传感器、霍尔式位移传感器等。数字式位移传感器的一个重要优点是便于将信号直接送入计算机系统。这种传感器发展迅速，应用日益广泛。

16. 压力传感器

压力传感器是工业实践中最为常用的一种传感器，广泛应用于各种工业自控环境，涉及水利水电、铁路交通、智能建筑、生产自控、航空航天、军工、石化、油井、电力、船舶、机床、管道等众多行业。

17. 超声波测距离传感器

超声波测距离传感器采用超声波回波测距原理，运用精确的时差测量技术，检测传感器与目标物之间的距离。采用小角度、小盲区超声波传感器，具有测量准确、无接触、防水、防腐蚀、低成本等优点，可应用于液位、物位检测。特有的液位/料位检测方式，可保证在液面有泡沫或大的晃动，不易检测到回波的情况下有稳定的输出。

18. 24 GHz 雷达传感器

24 GHz 雷达传感器采用高频微波来测量物体运动速度、距离、运动方向、方位角度信息，采用平面微带天线设计，具有体积小、质量小、灵敏度高、稳定强等特点，广泛运用于智能交通、工业控制、安防、体育运动、智能家居等行业。

19. 一体化温度传感器

一体化温度传感器一般由测温探头（热电偶或热电阻传感器）和两线制固体电子单元组成。采用固体模块形式将测温探头直接安装在接线盒内，从而形成一体化的传感器。一体化温度传感器一般分为热电阻和热电偶两种类型。

热电阻温度传感器是由基准单元、R/V 转换单元、线性电路、反接保护、限流保护、V/I 转换单元等组成。测温热电阻信号转换放大后，再由线性电路对温度与电阻的非线性关系进行补偿，经 V/I 转换电路后输出一个与被测温度成线性关系的 4～20 mA 恒流信号。

热电偶温度传感器一般由基准源、冷端补偿、放大单元、线性化处理、V/I 转换、断偶处理、反接保护、限流保护等电路单元组成。它是将热电偶产生的热电势经冷端补偿放大后，再由线性电路消除热电势与温度的非线性误差，最后放大转换为 4～20 mA 电流输出信号。为防止热电偶测量中由于电偶断丝而使控温失效造成事故，传感器中还设有断电保护电路。当热电偶断丝或接触不良时，传感器会输出最大值（28 mA）以使仪表切断电源。一体化温度传感器具有结构简单、节省引线、输出信号大、抗干扰能力强、线性好、显示仪表简单、固体模块抗震防潮、有反接保护和限流保护、工作可靠等优点。一体化温度传感器的输出为统一的 4～20 mA 信号，可与微机系统或其他常规仪表匹配使用，也可按要求做成防爆型或防火型测量仪表。

20. 液位传感器

1）浮球式液位传感器

浮球式液位传感器由磁性浮球、测量导管、信号单元、电子单元、接线盒及安装件组成。

一般磁性浮球的比重小于 0.5，可漂于液面之上并沿测量导管上下移动。导管内装有测量元件，它可以在外磁作用下将被测液位信号转换成正比于液位变化的电阻信号，并将电子单元转换成 4～20 mA 或其他标准信号输出。该传感器为模块电路，具有耐酸、防潮、防振、防腐蚀等优点，电路内部含有恒流反馈电路和内保护电路，可使输出最大电流不超过 28 mA，因而能够可靠地保护电源并使二次仪表不被损坏。

2）浮筒式液位传感器

浮筒式液位传感器是将磁性浮球改为浮筒，它是根据阿基米德浮力原理设计的。

浮筒式液位传感器是利用微小的金属膜应变传感技术来测量液体的液位、界位或密度的。它在工作时可以通过现场按键来进行常规的设定操作。

3）静压式液位传感器

静压式液位传感器利用液体静压力的测量原理工作。它一般选用硅压力测压传感器将测量到的压力转换成电信号，再经放大电路放大和补偿电路补偿，最后以 4～20 mA 或 0～10 mA 电流方式输出。

21. 真空度传感器

真空度传感器采用先进的硅微机械加工技术生产，以集成硅压阻力敏元件作为传感器的核心元件制成的绝对压力变送器，由于采用硅-硅直接键合或硅-派勒克斯玻璃静电键合形成的真空参考压力腔，以及一系列无应力封装技术和精密温度补偿技术，因而具有稳定性优良、精度高的突出优点，适用于各种情况下绝对压力的测量与控制。

采用低量程芯片真空绝压封装，产品具有高过载能力。芯片采用真空充注硅油隔离，不锈钢薄膜过渡传递压力，具有优良的介质兼容性，适用于对 316L 不锈钢不腐蚀的绝大多数气液体介质真空压力的测量。真空度传感器适用于各种工业环境的低真空测量与控制。

22. 电容式物位传感器

电容式物位传感器适用于工业企业在生产过程中进行测量和控制生产过程，主要用作类导电与非导电介质的液体液位或粉粒状固体料位的远距离连续测量和指示。

电容式液位传感器由电容式传感器与电子模块电路组成，它以两线制 4～20 mA 恒定电流输出为基型，经过转换，可以用三线或四线方式输出，输出信号为 1～5 V、0～5 V、0～10 mA 等标准信号。电容传感器由绝缘电极和装有测量介质的圆柱形金属容器组成。当料位上升时，因非导电物料的介电常数明显小于空气的介电常数，所以电容量随着物料高度的变化而变化。传感器的模块电路由基准源、脉宽调制、转换、恒流放大、反馈和限流等单元组成。采用脉宽调制原理进行测量的优点是频率较低，对周围无射频干扰、稳定性好、线性好、无明显温度漂移等。

23. 锑电极酸度传感器

锑电极酸度传感器是集 pH 检测、自动清洗、电信号转换为一体的工业在线分析仪表，它是由锑电极与参考电极组成的 pH 测量系统。在被测酸性溶液中，由于锑电极表面会生成三氧化二锑氧化层，这样在金属锑面与三氧化二锑之间会形成电位差。该电位差的大小取决于三氧化二锑的浓度，该浓度与被测酸性溶液中氢离子的适度相对应。如果把锑、三氧化二锑和水溶液的浓度都当作 1，其电极电位就可用能斯特公式计算出来。

锑电极酸度传感器中的固体模块电路由两大部分组成。为了现场作用的安全起见，电源部分采用交流 24 V 为二次仪表供电。这一电源除为清洗电机提供驱动电源外，还应通过电流转换单元转换成相应的直流电压，以供变送电路使用。第二部分是测量传感器电路，它把来自传感器的基准信号和 pH 酸度信号经放大后送给斜率调整和定位调整电路，以使信号内阻降低并可调节。将放大后的 pH 信号与温度补偿信号进行叠加后再差进转换电路，最后输出与 pH 值相对应的 4 ~ 20 mA 恒流电流信号给二次仪表，以完成显示并控制 pH 值。

24. 酸、碱、盐传感器

酸、碱、盐浓度传感器通过测量溶液电导值来确定浓度。它可以在线连续检测工业过程中酸、碱、盐在水溶液中的浓度含量。这种传感器主要应用于锅炉给水处理、化工溶液的配制以及环保等工业生产过程。

酸、碱、盐浓度传感器的工作原理是：在一定的范围内，酸碱溶液的浓度与其电导率的大小成比例。因而，只要测出溶液电导率的大小便可得知酸碱浓度的高低。当被测溶液流入专用电导池时，如果忽略电极极化和分布电容，则可以等效为一个纯电阻。在有恒压交变电流流过时，其输出电流与电导率成线性关系，而电导率又与溶液中酸、碱浓度成比例关系。因此，只要测出溶液电流，便可算出酸、碱、盐的浓度。

酸、碱、盐浓度传感器主要由电导池、电子模块、显示表头和壳体组成。电子模块电路则由激励电源、电导池、电导放大器、相敏整流器、解调器、温度补偿、过载保护和电流转换等单元组成。

25. 电导传感器

它是通过测量溶液的电导值来间接测量离子浓度的流程仪表（一体化传感器），可在线连续检测工业过程中水溶液的电导率。

由于电解质溶液与金属导体一样是电的良导体，电流流过电解质溶液时必有电阻作用，且符合欧姆定律。但液体的电阻温度特性与金属导体相反，具有负向温度特性。为区别于金属导体，电解质溶液的导电能力用电导（电阻的倒数）或电导率（电阻率的倒数）来表示。当两个互相绝缘的电极组成电导池时，若在其中间放置待测溶液，并通以恒压交变电流，就形成了电流回路。如果将电压大小和电极尺寸固定，则回路电流与电导率就存在一定的函数关系。这样，测出待测溶液中流过的电流，就能测出待测溶液的电导率。电导传感器的结构和电路与酸、碱、盐浓度传感器相同。

26. 主要分类

1）按用途

压力敏和力敏传感器、位置传感器、液位传感器、能耗传感器、速度传感器、加速度传感器、射线辐射传感器、热敏传感器。

2）按原理

振动传感器、湿敏传感器、磁敏传感器、气敏传感器、真空度传感器、生物传感器等。

3）按输出信号

模拟传感器：将被测量的非电学量转换成模拟电信号。

数字传感器：将被测量的非电学量转换成数字输出信号（包括直接和间接转换）。

膺数字传感器：将被测量的信号量转换成频率信号或短周期信号的输出（包括直接或间接转换）。

开关传感器：当一个被测量的信号达到某个特定的阈值时，传感器相应地输出一个设定的低电平或高电平信号。

4）按制造工艺

集成传感器是用标准的生产硅基半导体集成电路的工艺技术制造的。

通常还将用于初步处理被测信号的部分电路也集成在同一芯片上。

薄膜传感器则是通过沉积在介质衬底（基板）上的相应敏感材料的薄膜形成的。使用混合工艺时，同样可将部分电路制造在此基板上。

厚膜传感器是利用相应材料的浆料涂覆在陶瓷基片上制成的，基片通常是 Al_2O_3 制成的，然后进行热处理，使厚膜成形。

陶瓷传感器采用标准的陶瓷工艺或其某种变种工艺（溶胶、凝胶等）生产。

完成适当的预备性操作之后，已成形的元件在高温中进行烧结。厚膜和陶瓷传感器这两种工艺之间有许多共同特性，在某些方面，可以认为厚膜工艺是陶瓷工艺的一种变型。

每种工艺技术都有自己的优点和不足。由于研究、开发和生产所需的资本投入较低，以及传感器参数的高稳定性等原因，采用陶瓷和厚膜传感器比较合理。

5）按测量目的

物理型传感器是利用被测量物质的某些物理性质发生明显变化的特性制成的。

化学型传感器是利用能把化学物质的成分、浓度等化学量转化成电学量的敏感元件制成的。

生物型传感器是利用各种生物或生物物质的特性做成的，用以检测与识别生物体内化学成分的传感器。

6）按构成

基本型传感器：是一种最基本的单个变换装置。

组合型传感器：是由不同单个变换装置组合而构成的传感器。

应用型传感器：是基本型传感器或组合型传感器与其他机构组合而构成的传感器。

7）按作用形式

按作用形式可分为主动型传感器和被动型传感器。

主动型传感器又有作用型和反作用型两种，此种传感器对被测对象能发出一定探测信号，能检测探测信号在被测对象中所产生的变化，或者由探测信号在被测对象中产生某种效应而形成信号。检测探测信号变化方式的称为作用型，检测产生响应而形成信号方式的称为反作用型。雷达与无线电频率范围探测器是作用型实例，而光声效应分析装置与激光分析器是反作用型实例。

被动型传感器只是接收被测对象本身产生的信号，如红外辐射温度计、红外摄像装置等。

二、任务实施

（一）任务要求

掌握光电传感器的工作原理和使用方法。

（二）光电传感器的工作原理

光电传感器是通过把光强度的变化转换成电信号的变化来实现控制的。

光电传感器在一般情况下由三部分构成，它们分别为发送器、接收器和检测电路。

发送器对准目标发射光束，发射的光束一般来源于半导体光源、发光二极管（LED）、激光二极管及红外发射二极管。光束不间断地发射，或者改变脉冲宽度。接收器由光电二极管、光电三极管、光电池组成。在接收器的前面，装有光学元件如透镜和光圈等。在其后面是检测电路，它能滤出有效信号和应用该信号。

（三）光电传感器的接线方法

信号输出端与 PLC 的输入端相连，正端连接至 24 V 直流电源的正端，负端全部连接至 24 V 直流电源的负端，如图 1.5.2 所示。

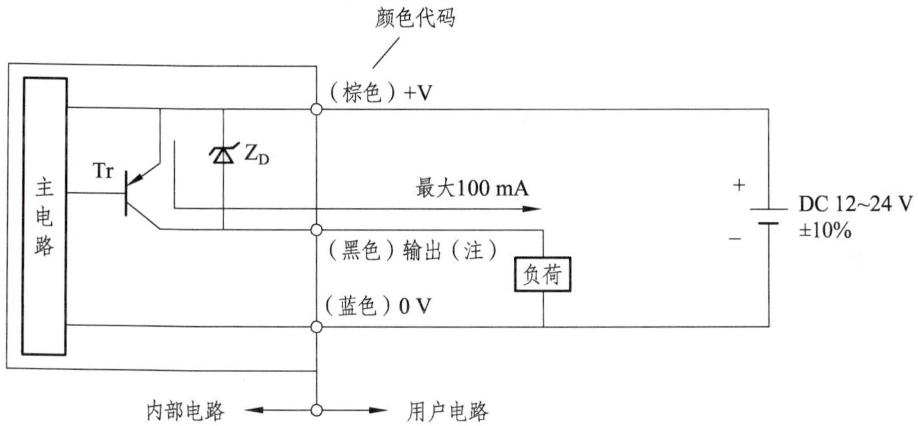

图 1.5.2　接线方法

（四）传感器部分的调试

（1）光纤头：此光纤属于反射型，它的最大检测距离为 150mm，如图 1.5.3 所示。安装时可以用固定螺母固定在传感器安装座上，也可以直接安装在零件上并用螺母锁紧。光纤在使用时严禁大幅度弯折到底部，严禁向光纤施加拉伸、压缩等蛮力。光纤在切割时应用专用的光纤切割器切割。

图 1.5.3　光纤头

（2）光纤放大器：通过调节“模式/输出”和

“设定值”来达成目的，该传感器面板介绍如图 1.5.4 所示。设定值的大小可以根据环境的变化、具体的要求来设定。但光纤头安装时应注意，光纤线严禁大幅度曲折。如校准移动的工件，在未放置工件的情况下按住“设置按钮（SET）”，当显示屏上“SET”闪烁时，令工件穿过感应区域，在工件完全穿过感应区域后再松开“设置按钮（SET）”，如需微调设定值，按“灵敏度调节按钮”的加减进行调节；如需切换模式输出，按“MODE（模式）按钮”，再按加减按钮选择 L-ON（入关动作）或 D-ON（遮光动作），然后再按一次“MODE（模式）按钮”，即设置完成。

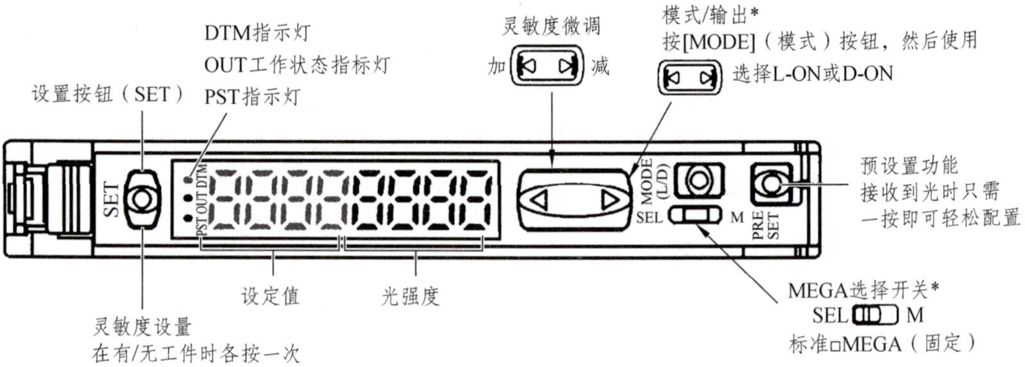

图 1.5.4　传感器面板

项目二 井式上料机构 PLC 程序设计

井式上料机构是光机电一体化控制培训的第一个重要部分，它主要由光电传感器、推料气缸、警示灯、井式工件库、安装支架等部分组成。井式上料机构主要作用是将工件依次送至存放料台上，并通过警示灯显示系统的工作状态情况。

任务一 井式上料机构信号灯 PLC 程序设计

任务目的

（1）掌握信号灯的控制方法。

（2）了解信号灯在系统控制中的作用。

任务导入

警示灯一般用于维护道路安全，通常是用在警车、工程车、消防车、急救车、防范管理车、道路维修车、牵引车、紧急 A/S 车、机械设备等开发上，以及在机械、电力、机床、化工、电信、船舶、冶金等电气控制电路中作控制信号联锁使用。井式上料机构中信号灯（警示灯）作为整个系统工作状态的显示设备，为操作者提供准确的系统工作情况，了解信号灯的控制要求，并掌握多种控制方法，是首要完成的任务。

一、知识准备

一般情况下，警示灯是按车种和用处可以提供多样长度的产品，有灯罩组合的构造，需要时一边方向的灯罩可以组合复合颜色。组合式警示灯声组件信号指示灯又称为报警灯、警示灯、信号灯。

警示灯安装外形特征可分为组合长排警示灯、组合塔形警示灯、小型各类警示灯等。信号指示灯适用于各种机械的常见故障的信号提示、材料供应及中断操作等各种信号的远程监视。

此外，还可以根据光源形式的不同，分为灯泡转灯、LED 闪光、氙气灯管频闪，其中 LED 闪光形式的是灯泡转灯形式的升级版，使用寿命更长。

（一）井式上料机构外形

井式上料机构外形如图 2.1.1 所示。

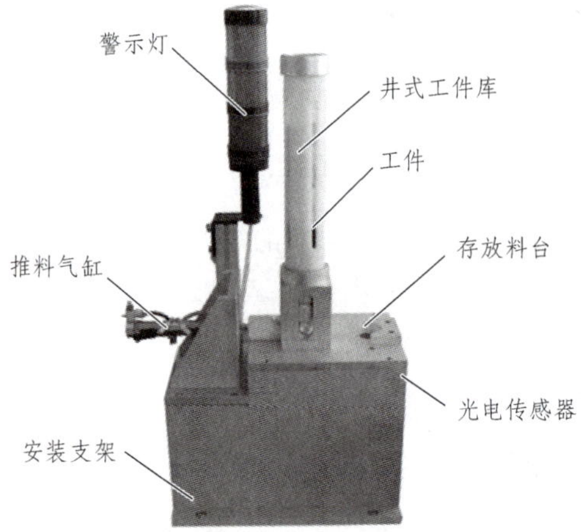

图 2.1.1　井式上料机构外形

（二）井式上料机构主要组成与功能

井式上料机构由井式工件库、光电传感器、工件、存放料台、推料气缸、安装支架等组成，主要将工件依次送至存放料台上，没有工件时，报警指示黄灯闪烁，放入工件后闪烁自动停止。

光电传感器：物料检测为光电漫反射型传感器，推料气缸将物料推出到存放料台，有物料时为 PLC 提供一个输入信号。

推料气缸：依次将工件推到存放料台上，由单相电控气阀控制。

警示灯：在设备停止时指示红色，在设备运行时指示绿色，在无物料时黄色闪烁。

井式工件库：用于存放 ϕ 32 mm 工件，料筒侧面有观察槽。

安装支架：用于安装工件库和推料气缸。

（三）井式上料机构主要技术指标

控制电源：直流 24 V/6 A；

光电传感器：ZD-L09N、SB03-1K；

磁性传感器：D-A73；

单杆气缸：CDJ2B16-75-A；

警示灯：JD501-L01G/R/Y024。

二、任务实施

（一）任务要求

停止状态时警示红灯亮，起动时警示绿灯亮，当按故障按钮时警示黄灯亮。

（二）任务实施

（1）PLC 输入、输出分配表见表 2.1.1。

表 2.1.1　PLC 输入、输出分配表

输入			输出		
名称	输入点	功能	名称	输出点	功能
按钮 SB4	I0.0	系统起动控制	警示灯	Q1.2	红灯
按钮 SB5	I0.1	系统停止控制	警示灯	Q1.3	绿灯
按钮 SB5	I0.2	系统故障控制	警示灯	Q1.4	黄灯

（2）控制程序如图 2.1.2 所示。

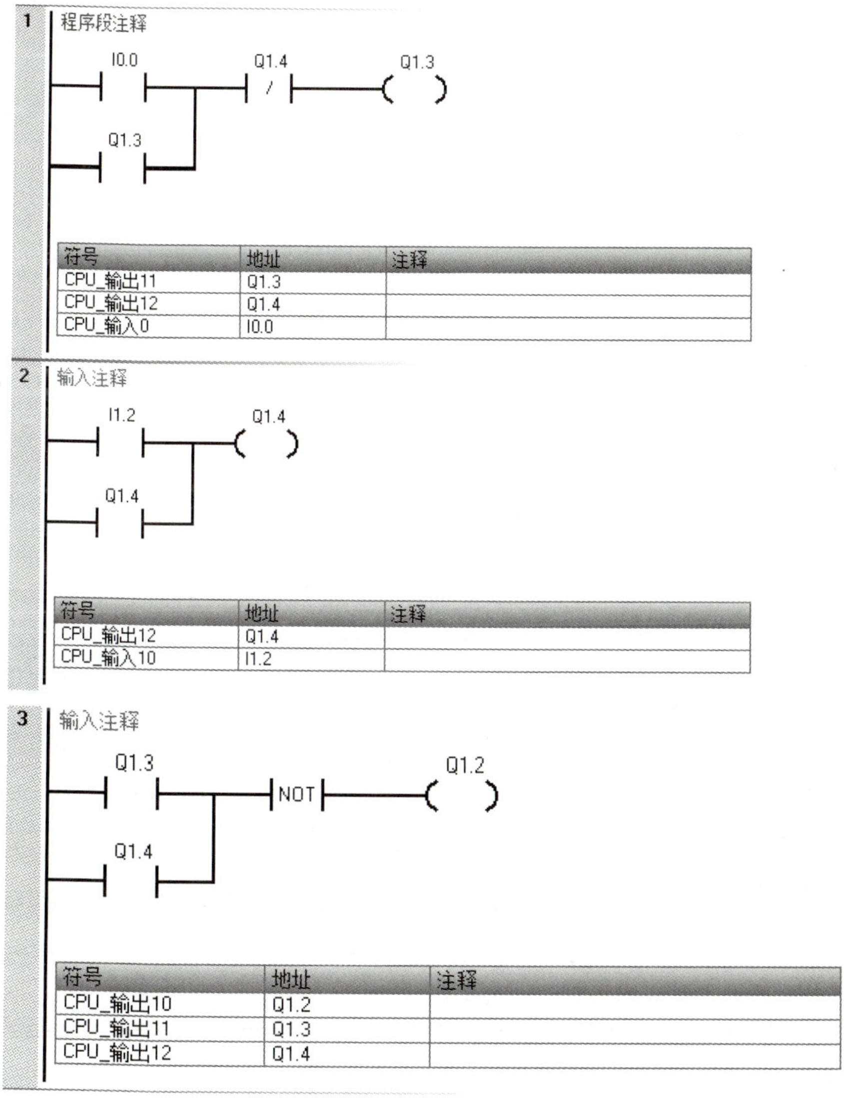

图 2.1.2　控制程序

（3）电气控制原理图如图 2.1.3 所示。

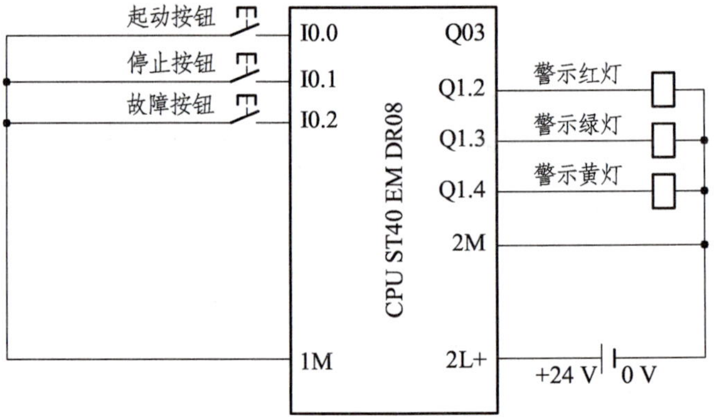

图 2.1.3　电气控制原理图

（4）将程序写入 PLC 中。

（5）调试，运行。

三、拓展与思考

（一）任务要求

停止状态时警示红灯亮，起动时警示绿灯亮，当起动 5 s 后未检测到物料，警示黄灯亮，当检测到物料，警示黄灯熄灭，进入待起动状态（警示红灯亮）。

（二）任务内容

（1）PLC 输入、输出分配表见表 2.1.2。

表 2.1.2　PLC 输入、输出分配表

输入			输出		
名称	输入点	功能	名称	输出点	功能
按钮 SB4	I0.0	系统起动控制	警示灯	Q1.2	红灯
按钮 SB5	I0.1	系统停止控制	警示灯	Q1.3	绿灯
			警示灯	Q1.4	黄灯

（2）控制程序（一）如图 2.1.4 所示。

（3）控制程序（二）如图 2.1.5 所示。

（4）电气控制原理图如图 2.1.6 所示。

（5）将程序写入 PLC 中。

（6）调试，运行。

程序注释

1 程序段注释

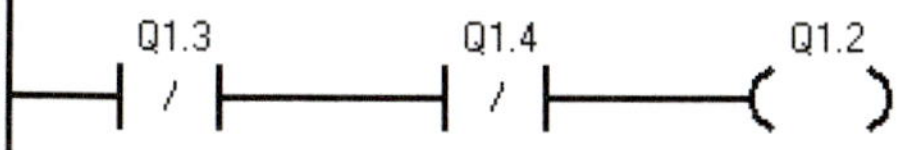

符号	地址	注释
CPU_输出10	Q1.2	
CPU_输出11	Q1.3	
CPU_输出12	Q1.4	

2 输入注释

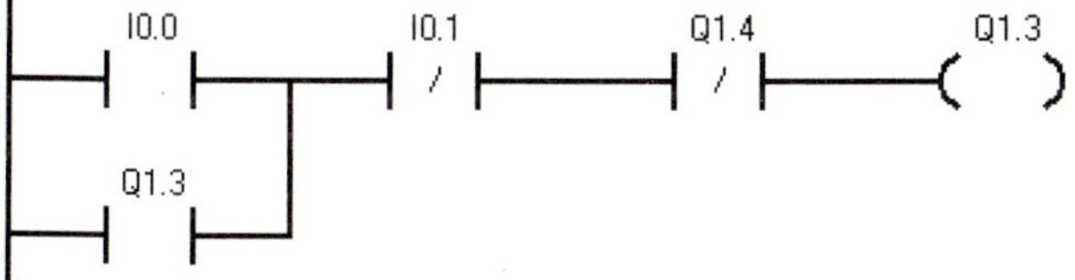

符号	地址	注释
CPU_输出11	Q1.3	
CPU_输出12	Q1.4	
CPU_输入0	I0.0	
CPU_输入1	I0.1	

3 输入注释

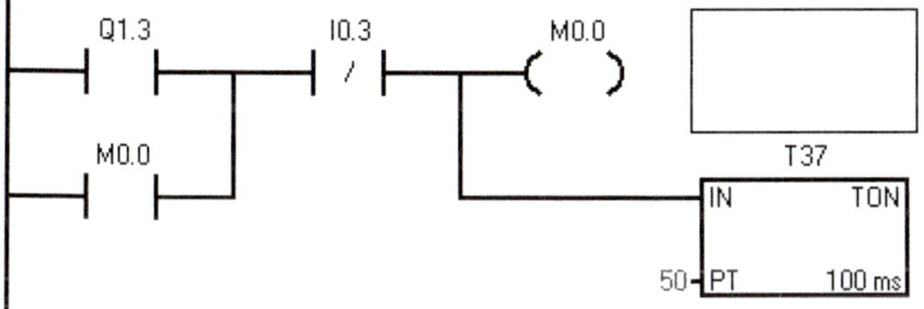

符号	地址	注释
CPU_输出11	Q1.3	
CPU_输入3	I0.3	

4 输入注释

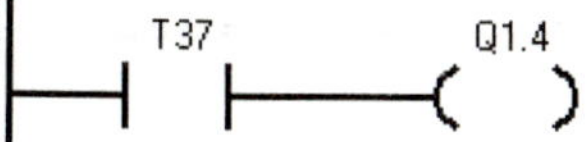

符号	地址	注释
CPU_输出12	Q1.4	

图 2.1.4　控制程序（一）

程序注释

1 程序段注释

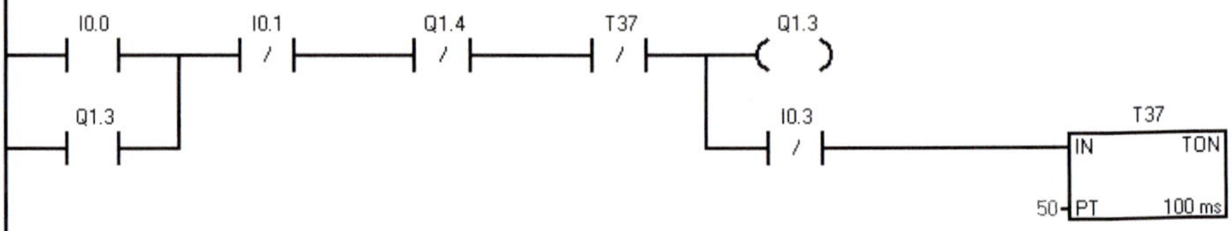

符号	地址	注释
CPU_输出11	Q1.3	
CPU_输出12	Q1.4	
CPU_输入0	I0.0	
CPU_输入1	I0.1	
CPU_输入3	I0.3	

2 输入注释

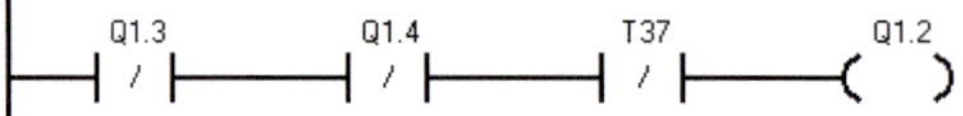

符号	地址	注释
CPU_输出10	Q1.2	
CPU_输出11	Q1.3	
CPU_输出12	Q1.4	

3 输入注释

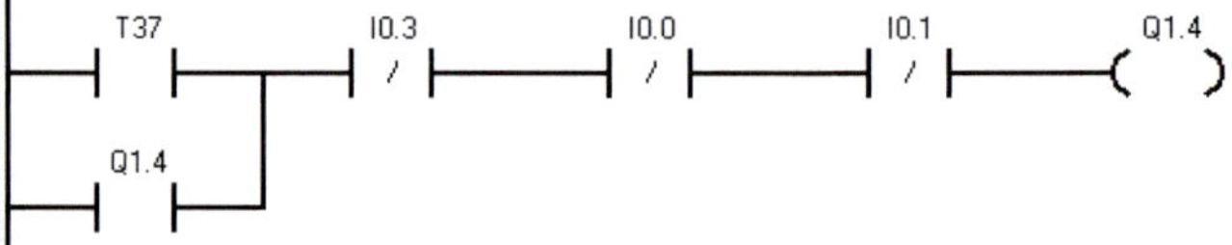

符号	地址	注释
CPU_输出12	Q1.4	
CPU_输入0	I0.0	
CPU_输入1	I0.1	
CPU_输入3	I0.3	

图 2.1.5 控制程序（二）

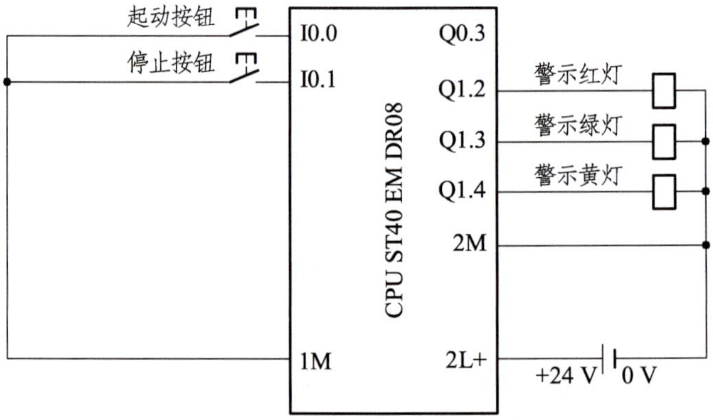

图 2.1.6 电气控制原理

任务二　井式上料机构手动 PLC 程序设计

任务目的

（1）掌握单控电磁阀的控制方式。
（2）掌握单气缸的手动调试方法。
（3）掌握井式上料机构手动控制的程序和方法。

任务导入

气动技术是以空气压缩机为动力源，以压缩空气为工作介质，进行能量传递或信号传递的工程技术，是实现各种生产控制、自动控制的重要手段之一。井式上料机构，是光机电一体化控制中的首要环节，掌握井式上料机构的控制，有着重要的意义。下面先学习井式上料机构手动控制方法和程序编写。

一、知识准备

科学技术日新月异，自动化程度要求越来越高，原有的生产上料设备远远不能满足当前高度自动化的需要。减轻劳动强度，保障生产的可靠性和安全性、降低生产成本、减少环境污染、提高产品的质量及经济效益是企业生成所必须面临的重大问题。

（一）井式上料机构

井式上料机构如图 2.2.1 所示。

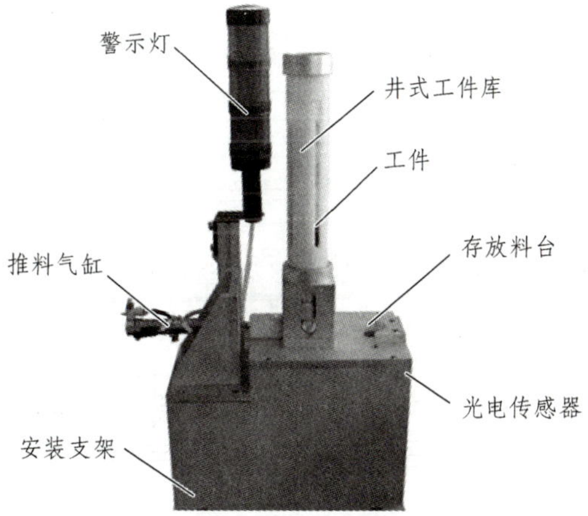

图 2.2.1　井式上料机构

（二）井式上料机构主要元件

井式工件库：用于放置物料。

单缸气缸：用于将工件库中的物料推出。

光电传感器：用于检测物料是否到位，为下一步操作提供驱动信号。

磁性开关：用于检测气缸杆是否到位。

单控电磁阀：用于驱动单缸气缸。

警示灯：用于显示控制系统的运行情况。

二、任务实施

（一）任务要求

按下“起动”按钮，警示绿灯亮（未起动系统红灯亮），料筒光电传感器检测到有工件时，推料气缸将工件推出至存放料台。若 5 s 后，料筒光电传感器仍未检测到工件，则说明料筒内无物料，这时警示黄灯亮，放入物料后熄灭；机械手将工件取走后，推料气缸缩回，工件下落，气缸重复上一次动作。

（二）任务内容

（1）PLC 输入、输出分配表见表 2.2.1。

表 2.2.1　PLC 输入、输出分配表

输入			输出		
名称	输入点	功能	名称	输出点	功能
按钮 SB4	I0.0	系统起动控制	电磁阀	Q0.3	物料推出
按钮 SB5	I0.1	系统停止控制	警示灯	Q1.2	红灯
SA1	I0.2	气缸推出控制	警示灯	Q1.3	绿灯
SA2	I0.4	气缸缩回控制	警示灯	Q1.4	黄灯
光电传感器	I0.3	物料检测			

（2）控制程序如图 2.2.2 所示。

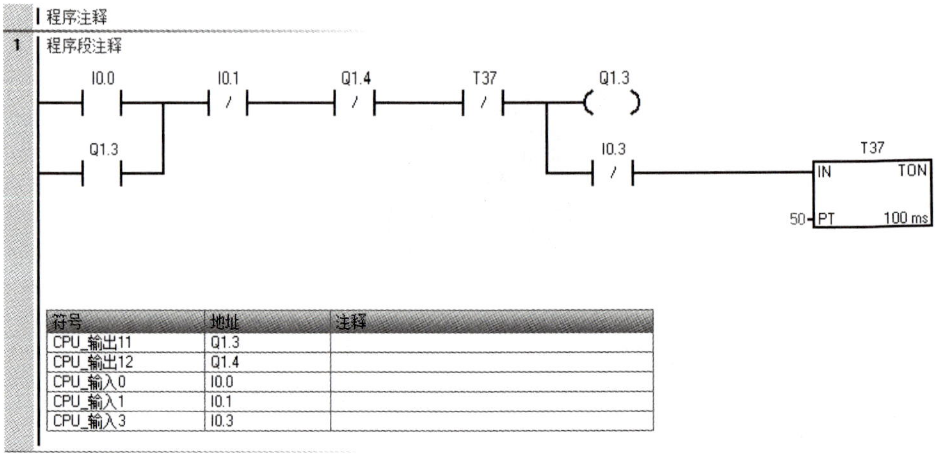

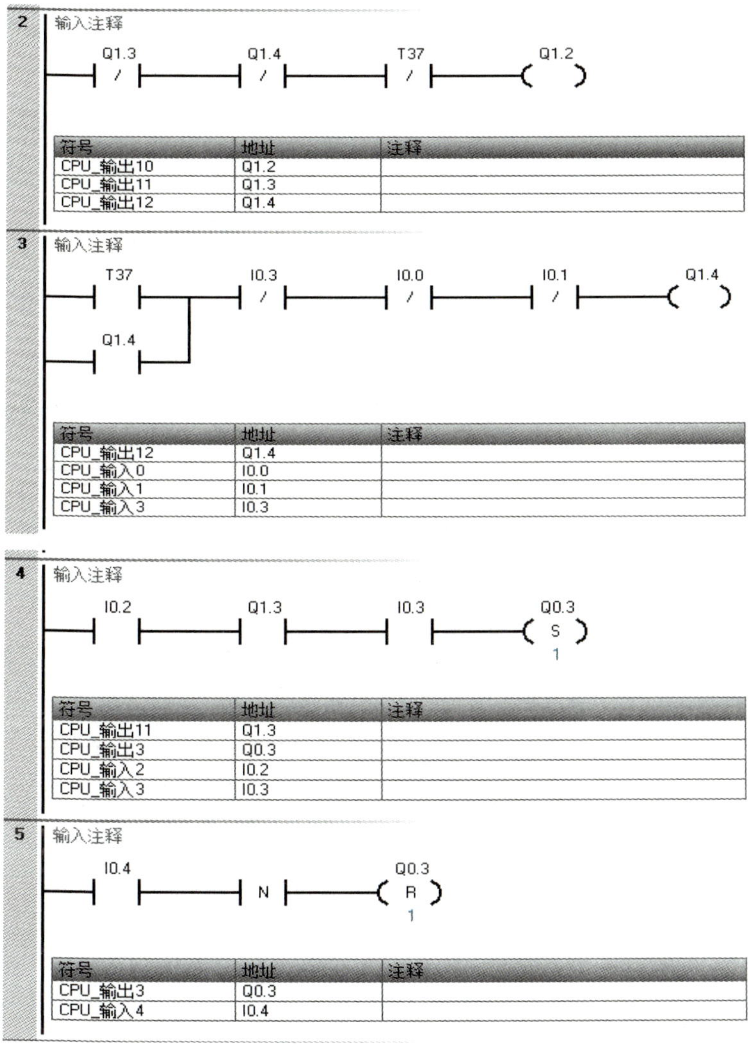

符号	地址	注释
CPU_输出10	Q1.2	
CPU_输出11	Q1.3	
CPU_输出12	Q1.4	

符号	地址	注释
CPU_输出12	Q1.4	
CPU_输入0	I0.0	
CPU_输入1	I0.1	
CPU_输入3	I0.3	

符号	地址	注释
CPU_输出11	Q1.3	
CPU_输出3	Q0.3	
CPU_输入2	I0.2	
CPU_输入3	I0.3	

符号	地址	注释
CPU_输出3	Q0.3	
CPU_输入4	I0.4	

图 2.2.2　控制程序

（3）电气控制原理图如图 2.2.3 所示。

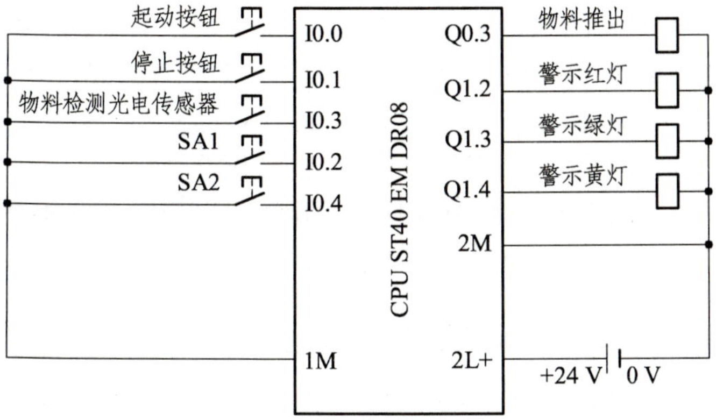

图 2.2.3　电气控制原理图

（4）将程序写入 PLC 中。

（5）调试，运行。

三、拓展与思考

思考：在井式上料机构手动控制系统的基础上，如何实现井式上料机构自动控制系统。

任务三　井式上料机构自动 PLC 程序设计

任务目的

（1）掌握单控电磁阀的控制方式。

（2）掌握光电传感器的使用方法。

（3）熟悉单气缸手动调试方法。

任务导入

气动技术是以空气压缩机为动力源，以压缩空气为工作介质，进行能量传递或信号传递的工程技术，是实现各种生产控制、自动控制的重要手段之一。井式上料机构，是光机电一体化控制中首要环节，掌握井式上料机构的控制，有着重要的意义。

一、知识准备

（一）自动上料的意义

自动上料就是把工件或毛坯定向排列，并按照机床工作循环的一定时间间隔，自动地送到机床的一定工作位置上。

实现上料自动化的设备称自动上料装置，它是自动化生产不可缺少的辅助装置。

在机械制造领域里，材料的搬运、机床上下料和整机的装配等是较薄弱的环节。

中小型零件，上下料时间占辅助时间的 20%～70%，大型零件的上下料时间占辅助时间的 50%～70%。而且多数事故发生在这些操作中。

如果能成功地解决上下料自动化问题，就可使工人从繁重而重复性的上下料工作中解放出来，设备的利用率也可大大提高。

（二）自动上料装置的种类

自动上料装置的种类有很多，按被加工原材料及毛坯形状和尺寸，可分为板料上料装置、卷料上料装置、条料上料装置和件料上料装置四类。此外，随着工业机器人技术的迅速发展，在一些复杂的毛坯，劳动条件比较恶劣的场合，特别是柔性制造系统中，机器人（机械手）上料装置也得到了越来越广泛的应用。

件料自动上料装置：按其结构特点和自动化程度，又可分为料斗式和料仓式两种型式。

料仓式上料装置：是一种半自动上料装置。需要工人定期地将一批工件按照规定方向和位置依次排列在料仓中，然后由送料器自动地将工件送到机床夹具中去。

料斗式上料装置：是全自动化上料装置。工人将工件成批地倒入料斗中，料斗的定向机构能将杂乱无章的工件自动定向，使之按规定方位整齐排列起来，并按一定的节拍自动送到加工部位。

（三）自动上料装置的基本组成

各种上料装置虽然在结构上千差万别，但它们都是由以下一些基本职能机构所组成。

（1）料斗：用来接收、储存成堆、散乱的工件（料仓式无料斗）；

（2）定向机构：用来使散乱的工件按一定方位定向排列起来（料仓式不需要此机构）；

（3）料仓：储存已定向的工件，调剂供求平衡；

（4）料道：靠自重将工件自定向机构运送到料仓或工序间运送工件；

（5）隔料器：把待上料的工件与其余工件分离开，使单个工件给料（有些上料器兼有隔料作用）；

（6）上料器：把已定向的工件，按一定的生产节拍和方位送到机床上；

（7）卸料器：从工作地点取走工件；

（8）搅拌器：搅动工件，增加定向率或防止工件架空堵塞；

（9）剔除器：剔除定向位置不对的或多余的工件，使它们返回料斗中；

（10）安全保险机构：当发生卡料等事故时，能使上料装置自动停车或保险机构打滑（常用安全离合器或摩擦传动机构等），防止损坏机构。

二、任务实施

（一）任务要求

按下“起动”按钮，警示绿灯亮（未起动系统红灯亮），料筒光电传感器检测到有工件时，推料气缸将工件推出至存放料台。若 5 s 后料筒光电传感器仍未检测到工件，则说明料筒内无物料，这时警示黄灯亮，放入物料后熄灭；机械手将工件取走后，推料气缸缩回，工件下落，气缸重复上一次动作。

（二）任务内容

（1）PLC 输入、输出分配表见表 2.3.1。

表 2.3.1　PLC 输入、输出分配表

输入			输出		
名称	输入点	功能	名称	输出点	功能
按钮 SB4	I0.0	系统起动控制	电磁阀	Q0.3	物料推出
按钮 SB5	I0.1	系统停止控制	警示灯	Q1.2	红灯
光电传感器	I0.3	物料检测	警示灯	Q1.3	绿灯
光电传感器	I0.4	物料推出检测	警示灯	Q1.4	黄灯

（2）控制程序如图 2.3.1 所示。

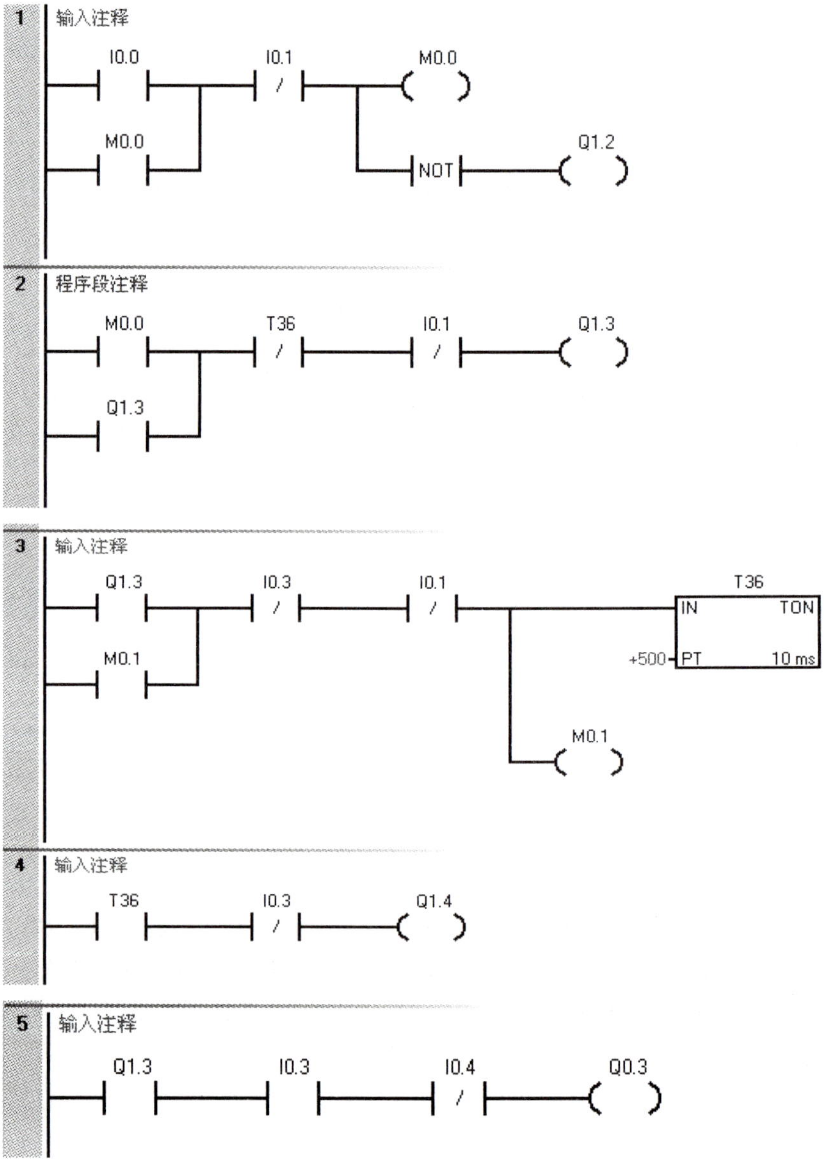

图 2.3.1　控制程序

（3）电气控制原理图如图 2.3.2 所示。

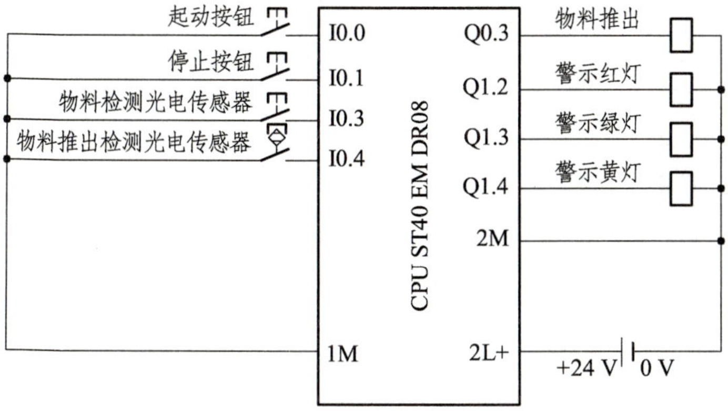

图 2.3.2 电气控制原理图

（4）将程序写入 PLC 中。

（5）调试，运行。

三、拓展与思考

（一）任务要求

按下“起动”按钮，警示绿灯亮（未起动系统红灯亮），料筒光电传感器检测到有工件时，推料气缸将工件推出至存放料台。若 5 s 后料筒光电传感器仍未检测到工件，则说明料筒内无物料，这时警示黄灯亮，放入物料后熄灭；机械手将工件取走后，推料气缸缩回，工件下落，气缸重复上一次动作。检测到物料 2 s 后执行下一步，下面请用移位指令设计程序。

（二）任务内容

（1）PLC 输入、输出分配表见表 2.3.2。

表 2.3.2 PLC 输入、输出分配表

输入			输出		
名称	输入点	功能	名称	输出点	功能
按钮 SB4	I0.0	系统起动控制	电磁阀	Q0.3	物料推出
按钮 SB5	I0.1	系统停止控制	警示灯	Q1.2	红灯
光电传感器	I0.3	物料检测	警示灯	Q1.3	绿灯
光电传感器	I0.4	物料推出检测	警示灯	Q1.4	黄灯

（2）控制程序如图 2.3.3 所示。

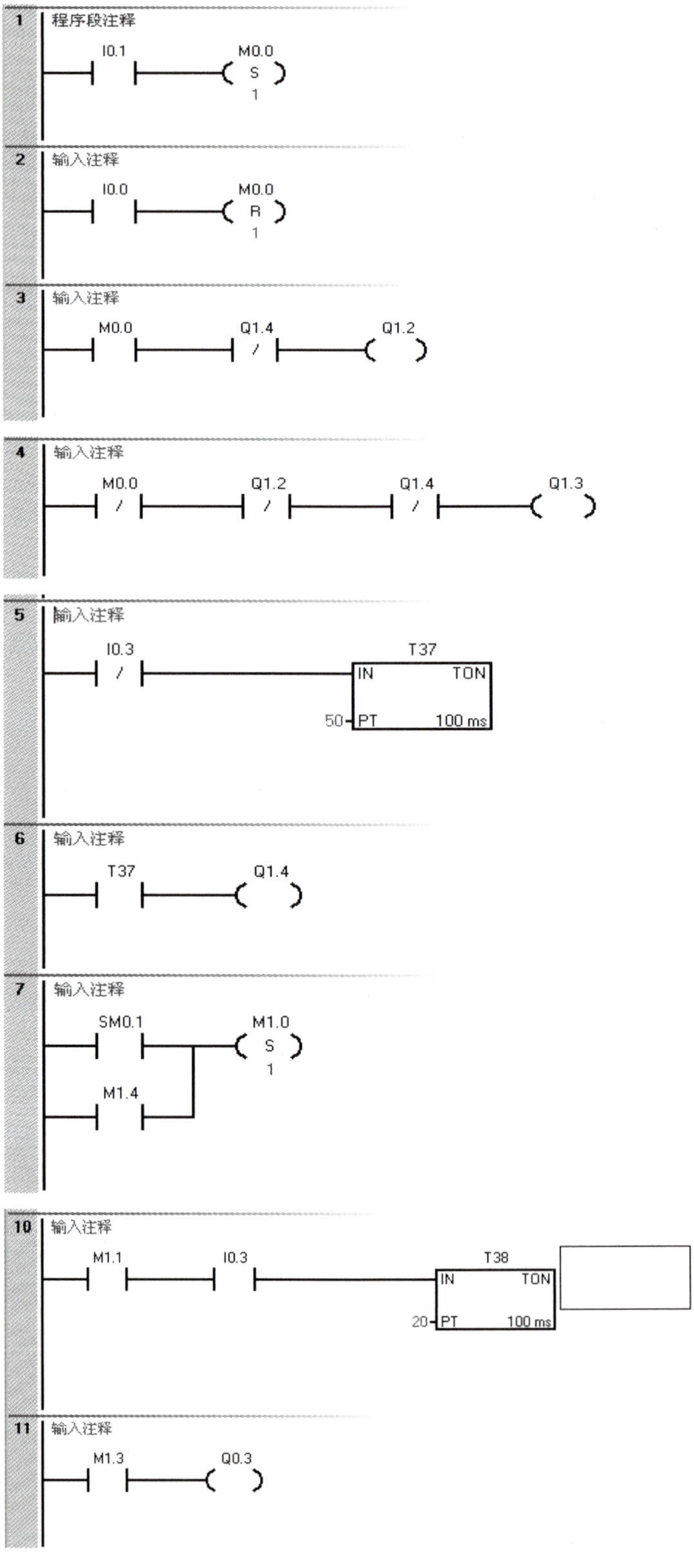
1
程序段注释
I0.1
M0.0
S
1
2
输入注释
I0.0
M0.0
R
1
3
输入注释
M0.0
Q1.4
Q1.2
4
输入注释
M0.0
Q1.2
Q1.4
Q1.3
5
输入注释
I0.3
T37
IN
TON
50
PT
100 ms
6
输入注释
T37
Q1.4
7
输入注释
SM0.1
M1.0
S
1
M1.4
10
输入注释
M1.1
I0.3
T38
IN
TON
20
PT
100 ms
11
输入注释
M1.3
Q0.3

图 2.3.3　控制程序

（3）电气控制原理图如图 2.3.4 所示。

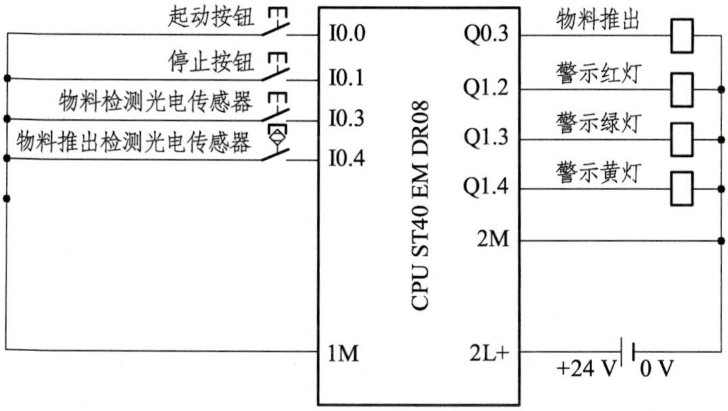

图 2.3.4　电气控制原理图

（4）将程序写入 PLC 中。

（5）运行，调试。

项目三　搬运机械手机构 PLC 程序设计

运动控制起源于早期的伺服控制。简单地说，运动控制就是对机械运动部件的位置、速度等进行实时的控制管理，使其按照预期的运动轨迹和规定的运动参数进行运动。早期的运动控制技术主要是伴随着数控技术、机器人技术和工厂自动化技术的发展而发展的。早期的运动控制器实际上是可以独立运行的专用的控制器，往往无须另外的处理器和操作系统支持，可以独立完成运动控制功能、工艺技术要求的其他功能和人机交互功能。这类控制器可以成为独立运行的运动控制器。这类控制器主要针对专门的数控机械和其他自动化设备而设计，往往已根据应用行业的工艺要求设计了相关的功能，用户只需要按照其协议要求编写应用加工代码文件，利用 RS232 或者 DNC（分布式数控）方式传输到控制器，控制器即可完成相关的动作。这类控制器往往不能离开其特定的工艺要求而跨行业应用，控制器的开放性仅仅依赖于控制器的加工代码协议，用户不能根据应用要求而重组自己的运动控制系统。

任务一　S7-200 SMART PLC 运动 PLC 程序设计

任务目的

（1）了解 S7-200 SMART CPU 运动控制特色。

（2）了解 S7-200 SMART CPU 运动控制指令。

任务导入

运动控制（MC）是自动化的一个分支，它使用称为伺服机构的一些设备（如液压泵、线性执行机或者电机）来控制机器的位置或速度。运动控制在机器人和数控机床领域内的应用要比在专用机器中的应用更复杂，因为后者运动形式更简单，通常被称为通用运动控制（GMC）。运动控制被广泛应用在包装、印刷、纺织和装配工业中。

一、知识准备

（一）S7-200 SMART CPU 运动控制特色

S7-200 SMART CPU 支持三个单轴控制，其组态方式与 S7-200 的 EM253 类似，

S7-200 SMART CPU 不再提供单独的运动控制模块。S7-200 SMART CPU 运动控制提供以下功能：

（1）提供高速脉冲输出，频率从每秒 20 个脉冲到每秒 100 000 个脉冲。

（2）支持急停（S 曲线）或线性加速及减速。

（3）提供可组态的测量系统，输入数据时既可以使用工程单位（如英寸或厘米），也可以使用脉冲数。

（4）提供可组态的反冲补偿。

（5）支持绝对、相对、速度和手动控制方式。

（6）提供多达 32 个移动曲线，每个曲线最多可有 16 种速度。

（7）提供 4 种不同的参考点搜索模式，每种模式都可对起始的寻找方向和最终的接近方向进行选择。

（8）提供 SINAMICS V90 驱动器的相关支持。

（9）使用 STEP7-Micro/WIN SMART 可以创建运动轴所使用的全部组态。这些组态和程序块需要一起下载到 CPU 中。

（10）S7-200 SMART CPU 的运动控制能够实现主动寻找参考点功能，绝对运动功能，相对运动功能，单、双速连续旋转功能，速度可变功能（依靠 AXISX_MAN 指令实现），曲线功能。所有的轴功能都是单轴开环控制，系统不提供轴与轴之间的耦合及轴的闭环控制，如果有这方面需求，则需要用户自己搭建功能，但最终的应用效果需要根据实际环境验证。

S7-200 SMART CPU 的运动控制需要用 CPU 集成输入/输出点，相关输入/输出点的地址分配见表 3.1.1。

表 3.1.1　地址分配

<table>
<tr><th>类型</th><th>信号</th><th>描述</th><th colspan="3">CPU 本体 I/0 分配</th></tr>
<tr><td rowspan="5">输入</td><td>STP</td><td>STP 输入可让 CPU 停止脉冲输出，在位控向导中可选择所需的 STP 操作</td><td colspan="3" rowspan="4">在位控向导中可被组态为 I0.0～I0.7，I1.0～I1.3 中的任意一个，但是同一个输入点不能被重复定义</td></tr>
<tr><td>RPS</td><td>RPS（参考点）输入可为绝对运行操作建立参考点或零点位置</td></tr>
<tr><td>LMT+</td><td rowspan="2">LMT+和 LMT-是硬件限位</td></tr>
<tr><td>LMT-</td></tr>
<tr><td>ZP（HSC）</td><td>ZP（零脉冲）输入可帮助建立参考点或零点位置。通常，电机驱动器在电机的每一转产生一个 ZP 脉冲</td><td colspan="3">CPU 本体高速计数器输入（I0.0、I0.1、I0.3）可被组态为 ZP 输入</td></tr>
<tr><td rowspan="4">输出</td><td></td><td></td><td>Axiso</td><td>Axis1</td><td>Axis2</td></tr>
<tr><td>P0</td><td rowspan="2">P0 和 P1SHI 源型晶体管输出，用以控制电机的运动和方向</td><td>Q0.0</td><td>Q0.1</td><td>Q0.3</td></tr>
<tr><td>P1</td><td>Q0.2</td><td>Q0.7 或 Q0.3</td><td>Q0.3</td></tr>
<tr><td>DIS</td><td>DIS 是一个源型输出，用来禁止或使能电机驱动器</td><td>Q0.4</td><td>Q0.5</td><td>Q0.6</td></tr>
</table>

（二）S7-200 SMART CPU 运动控制指令

运动控制指令根据向导组态的轴参数，按用户要求触发相关动作，多个指令组合使用可实现复杂的工艺控制。S7-200 SMART CPU 支持的运动控制指令见表 3.1.2。

表 3.1.2　运动控制指令

指令	功　能
AXISx_CTRL	起动和初始化运动轴
AXISx_MAN	手动模式
AXISx_GOTO	命令运动轴移动到所需位置
AXISx_RUN	运行曲线
AXISx_RSEEK	搜索参考点位置
AXISx_LDOFF	加载参考点偏移量
AXISx_LDPOS	加载位置
AXISx_SRATE	更改向导设置的加减速及 S 曲线时间
AXISx_DIS	使能/禁止 DIS 输出
AXISx_CFG	重新加载组态
AXISx_CACHE	缓冲曲线
AXISx_ABSPOS	读取绝对位置
AXISx_RDP0S	返回当前轴位置

1. 指令调用的基本原则

（1）AXISx_CTRL 指令使用 SM0.0 的常开点调用，且在所有运动指令之前调用。

（2）要使用绝对位置功能，必须首先使用 AXISx_RSEEK 或 AXISx_LDPOS 指令建立零位置。

（3）要实现按照指定速度运动到指定位置（绝对运动）或指定距离（相对运动），应使用 AXISx_GOTO 指令。

（4）要运行位置控制向导组态的运动曲线，应使用 AXISx_RUN 指令。

（5）若想使用速度控制，则调用 AXISx_MAN 指令。

（6）调用指令块时，除了 AXISx_CTRL 需要一直调用，其他指令块不能同时激活，同一个扫描周期只有一个指令块可以激活，如果多个指令块在同一扫描周期激活则会导致报错。

（7）要确认一个指令的功能是否完成，可以用指令块 Done 位的上升沿来判断。以 AXISx_GOTO 为例：EN 激活后，若 START 参数为激活，则 Done 位为“1”；若 START 参数激活，则 Done 位为“0”。直到激活的运动控制功能完成，Done 才由“0”变为“1”。

2. 部分指令说明

1）AXISx_CTRL

功能：启用和初始化运动轴，EN 端使用 SM0.0 调用，如图 3.1.1 所示。

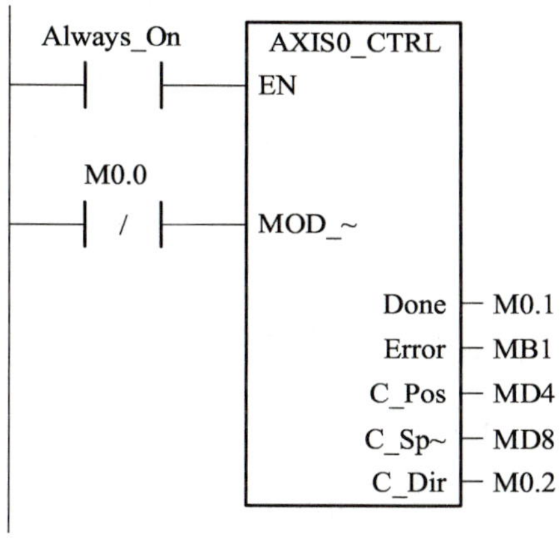

图 3.1.1　AXISx_CTRL

指令说明：

MOD_EN：此参数必须为“1”，其他运动控制子程序才能有效。如果 MOD_EN 参数为“0”，运动轴会中止所有正在进行的命令。

Done：任何运动控制子程序完成此参数会置位。

Error：存储该子程序运行时错误代码。

C_Pos：表示运动轴的当前位置。根据测量单位，该值是脉冲数（DINT）或工程单位数（REAL）。

C_Speed：提供运动轴的当前速度。如果组态时单位为脉冲数，则 C_Speed 是一个 DINT 型数值，单位为脉冲数/s。如果组态时使用工程单位，则 C_Speed 是一个 REAL 数值，单位为工程数/s（REAL）。

C_Dir：表示电机的当前方向。信号状态为 0，表示正向；信号状态为 1，表示反向。

2）AXISx_DIS

功能：运动轴的 DIS 输出打开或关闭，可将 DIS 输出用于禁止或启用电机驱动器，如图 3.1.2 所示。

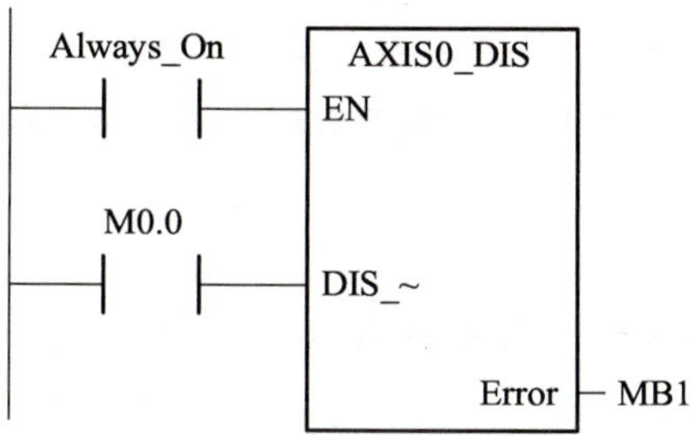

图 3.1.2　AXISx_DIS

指令说明：

EN 位为“1”时启用子程序，DIS_ON 参数控制运动轴组态的 DIS 输出点。

3）AXISx_MAN

功能：手动模式控制轴，可使电机按不同的速度运行，或正向、负向点动，如图 3.1.3 所示。

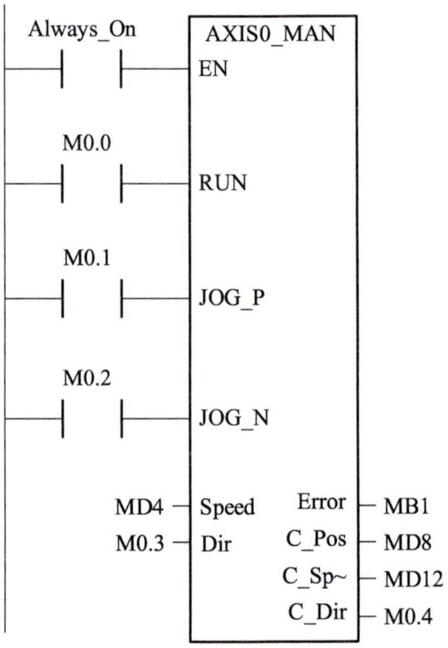

图 3.1.3　AXISx_MAN

指令说明：

RUN：此参数为“1”时，运动轴按指定方向（Dir 参数）加速至指定的速度（Speed 参数），电机运行时可更改 Speed 参数数值，单 Dir 参数必须保持不变。此参数为“0”时，运动轴将减速，直至电机停止。

JOG_P（点动正向旋转）或 JOG_N（点动方向旋转）：使运动轴正向或反向点动。如果 JOG_P 或 JOG_N 参数保持启用的时间短于 0.5 s，则运动轴将根据向导组态，移动 JOG_IN-CREMENT 中指定的距离。如果 JOG_P 或 JOG_N 参数保持启用的时间为 0.5 s 或更长，则运动轴将开始加速至指定的 JOG_SPEED。

Speed：此参数是启用 RUN 指令时的速度。如果组态时选择脉冲数为单位，则速度为 DINT 值（脉冲数/s）。如果组态时选择工程单位，则速度为 REAL 值（单位数/s）。

4）AXISx_RSEEK

功能：使用向导中组态的搜索方法执行参考点搜索。当运动轴找到参考点且移动停止时，运动轴将 RP_OFFSET 参数值载入当前位置。RP_OFFSET 的默认值为 0。可使用运动控制向导、运动控制面板或 AXISx_LDOFF 子程序来更改 RP_OFFSET 值，如图 3.1.4 所示。

指令说明：

EN：此位为“1”时会启用此子程序。确保 EN 位保持开启，直至 Done 位指示子程序执行已经完成。

START：此参数为“1”，将向运动轴发出 RSEEK 命令。在 EN 位使能且当前子程序空闲的情况下，使用边沿检测指令触发 START，以保证只激活一个扫描周期。

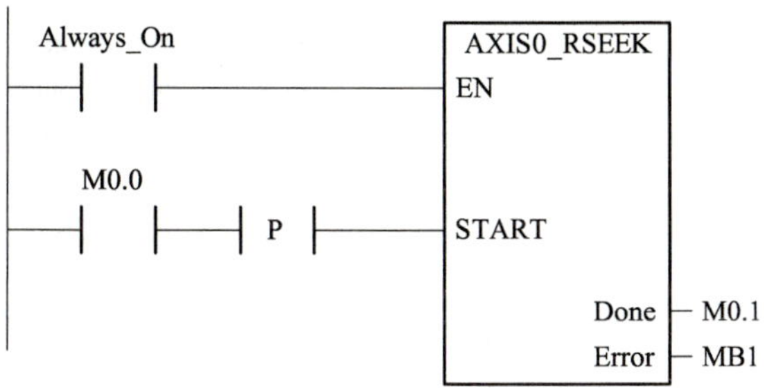

图 3.1.4　AXISx_RSEEK

5）AXISx_GOTO

功能：命令运动轴按指定速度运行到指定位置，如图 3.1.5 所示。

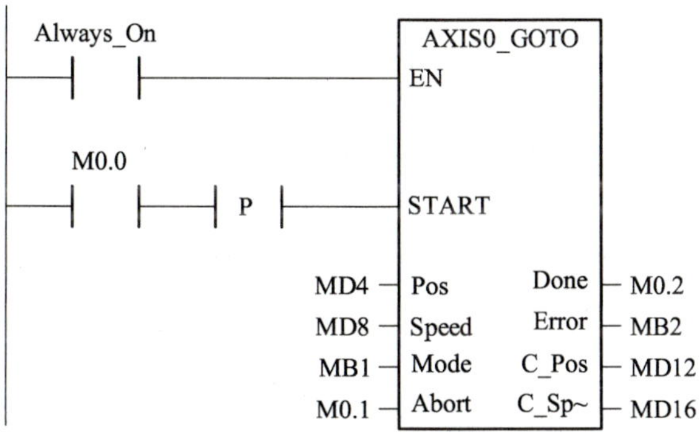

图 3.1.5　AXISx_GOTO

指令说明：

START：此参数为“1”，会向运动轴发出 GOTO 命令。在 EN 位使能且当前程序空闲的情况下，使用边沿检测指令触发 START，以保证只激活一个扫描周期。

Pos：此参数包含一个数值，指示要移动的位置（绝对移动）或要移动的距离（相对移动）。根据所选的测量单位，该数值是脉冲数（DINT）或工程单位数（RE-AL）。

Speed：此参数确定轴运动的目标速度。根据所选的测量单位，该数值是脉冲值/s（DINT）或工程单位数/s（REAL）。

Mode：选择移动情况的类型。0 表示绝对类型；1 表示相对位置；2 表示单数连续正向旋转；3 表示单数连续反向旋转。

Abort：此参数起动会命令运动轴停止当前运动并减速至电机停止。

6）AXISx_RUN

功能：命令运动轴按照存储在向导组态的特定曲线执行运动操作，如图 3.1.6 所示。

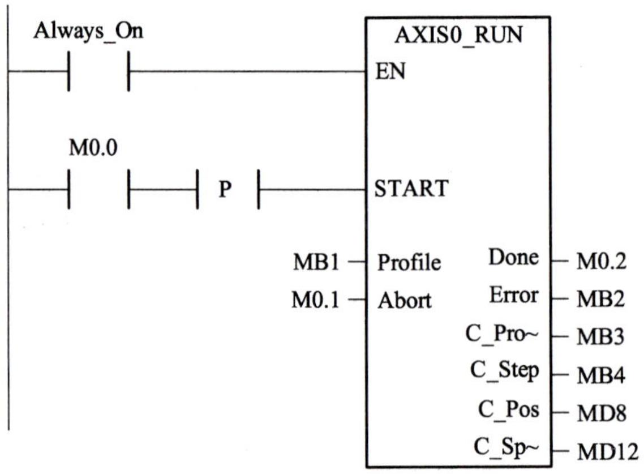

图 3.1.6　AXISx_RUN

指令说明：

START：此参数为“1”，将运动轴发出 RUN 命令。在 EN 位使能且当前程序空闲的情况下，使用边沿检测指令触发 START，以保证只激活一个扫描周期。

Profile：此参数包含运动曲线的编号或符号名称。“Profile”输入必须在 0~31，否则将报错。

Abort：此参数会命令运动轴停止当前曲线并减速至电机停止。

C-Profile：此参数包含运动轴当前执行的曲线。

C-Step：此参数包含目前正在执行的曲线中的步。

7）AXISx_LDOFF

功能：建立一个与参考点处于不同位置的新的零位置，如图 3.1.7 所示。

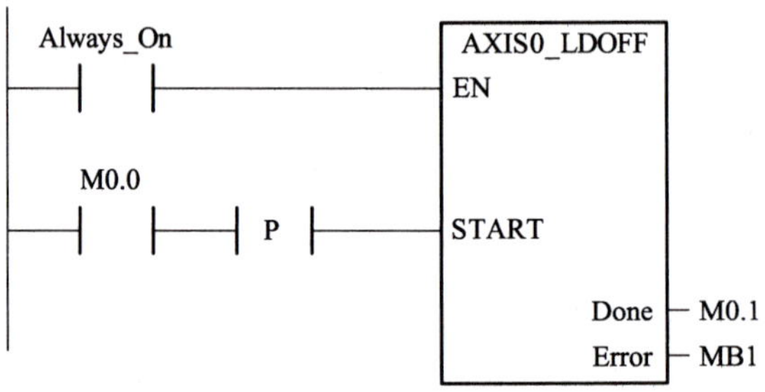

图 3.1.7　AXISx_LDOFF

指令说明：

START：参数为“1”时将向运动轴发出 LDOFF 命令。在 EN 位使能且当前程序空闲的情况下，使用边沿检测指令触发 START，以确保只激活一个扫描周期。

在执行该子程序之前，先确定参考点的位置并将机器移至起始位置。当子程序发送 LD-OFF 命令时，运动轴计算起始位置（当前位置）与参考点位置之间的偏移量，然后将算出的偏移量存储到 RP-OFFSET 参数并将当前位置设为 0。

如果电机失去对位置的追踪（如断电或手动更换电机的位置），可以使用 AXISx-RSEEK 子程序重新建立零位置。

8）AXISx_LDPOS

功能：将运动轴中当前位置值更改为新值。还可以使用本子程序为任何绝对移动命令建立一个新的零位置，如图 3.1.8 所示。

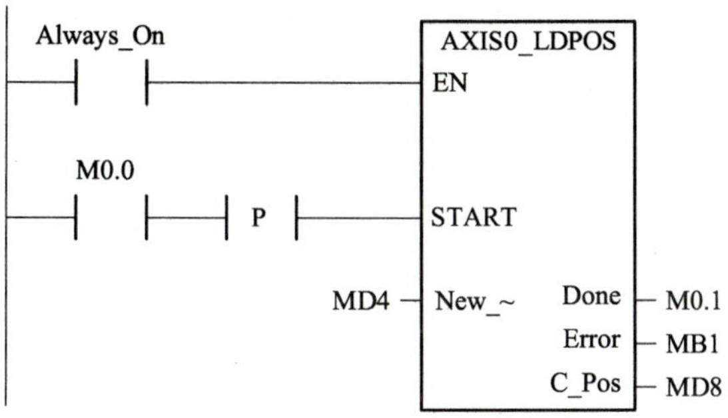

图 3.1.8 AXISx_LDPOS

指令说明：

START：参数开启将向运动轴发出 LDPOS 命令。在 EN 位使能且当前程序空闲的情况下，使用边沿检测指令触发 START，以确保只激活一个扫描周期。

New-Pos：参数提供新值，用于取代运动轴的当前位置值。根据测量单位，该值是脉冲数（DINT）或工程单位数（REAL）。

9）AXISx_ABPOS

功能：AXISx_ABSPOS 子程序通过特定的 Siemens 伺服驱动器（如 V90）读取绝对位置。读取绝对位置值目的是更新运动轴中的当前位置值。在将 SINAMICSV90 伺服驱动器与安装了绝对值编码器的 SIMOTICS-1FL6 伺服电机结合使用时，才支持此功能。但要注意，使用此指令读取的位置值存储在 D-Pos 中，此值只能保存一个扫描周期。

指令说明：

EN：此参数为“1”时会起动此子程序。确保 EN 位保持开启，直至 DONE 位指示子程序执行已经完成。

START：此参数为“1”时通过指定驱动器获取当前绝对位置。在 EN 位使能且当前程序空闲的情况下，使用边沿检测指令触发 START，以确保只激活一个扫描周期。

RDY：此参数指示伺服驱动器处于就绪状态，而该状态通常通过驱动器的数字输出信号提供。仅当该参数为“1”时，才会通过驱动器读取绝对位置。

INP：此参数指示电机处于静止状态，而该状态通常通过驱动器的数字输出信号提供。当该参数为“1”时，才会通过驱动器读取绝对位置。

Res：此参数必须设置为与伺服电机相连的绝对编码器的分辨率。例如有绝对编码器的 SIMOTICS S-1FL6 伺服电机的单匝分辨率为 20 位，即 1 048 576。

Drive：此参数的设置必须与伺服驱动器的 RS485 地址相匹配。各驱动器的有效地址是 0 ~ 31。

Port：此参数指定用于与伺服驱动器通信的 CPU 端口。0 表示板载 RS485 端口（端口 0)；1 表示 RS485/RS232 信号板（若存在，则为端口 1）。

10)AXISx_RDPOS

功能：用于读取当前轴的位置，相对于 C_Pos，I_Pos 可以更快获取当前位置，C_Pos 数值是周期性更新，时间是几十毫秒，而是用 AXISx_RDPOS 则可以微秒级返回当前位置。对于需要及时获取当前位置的应用，则需要此指令。

二、任务实施

（一）任务要求

通过本任务掌握 S7-200 SMART CPU 运动控制向导组态。

（二）组态步骤

（1）选择要组态的轴，可在需要激活的轴前打钩，S7-200 SMART CPU 提供 3 个轴资源用于运动控制，如图 3.1.9 所示。

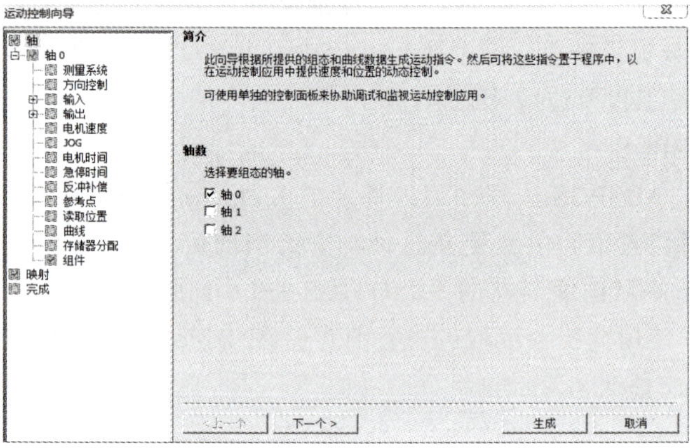

图 3.1.9　选择要组态的轴

（2）测量系统组态，如图 3.1.10 所示。

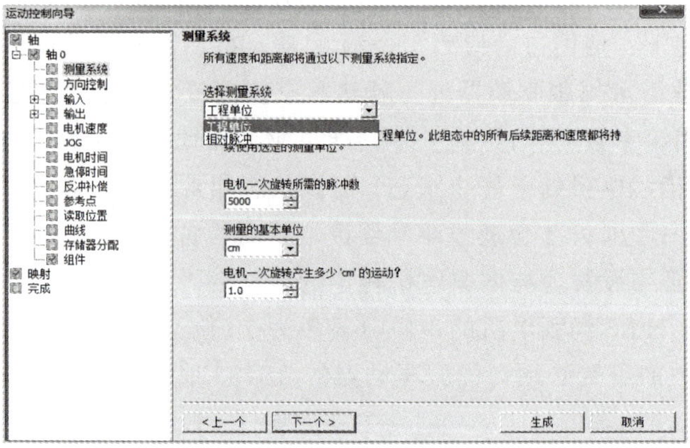

图 3.1.10　测量系统组态

（3）方向控制组态，如图 3.1.11 所示。

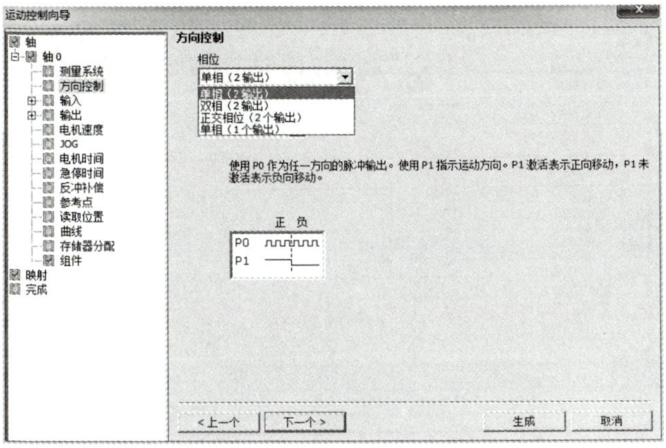

图 3.1.11　方向控制组态

（4）LMT 限位点组态，如图 3.1.12 所示。

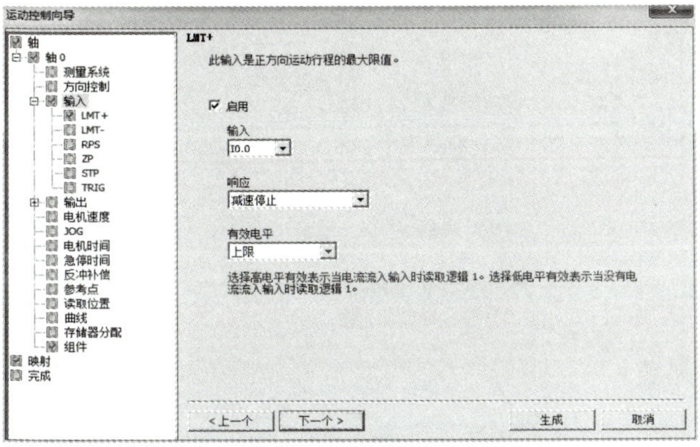

图 3.1.12　LMT 限位点组态

（5）RPS 参考点组态，如图 3.1.13 所示。

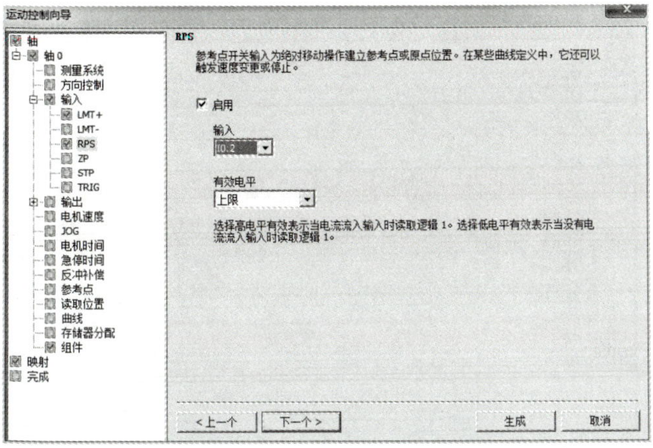

图 3.1.13　RPS 参考点组态

（6）ZP 零脉冲组态，如图 3.1.14 所示。

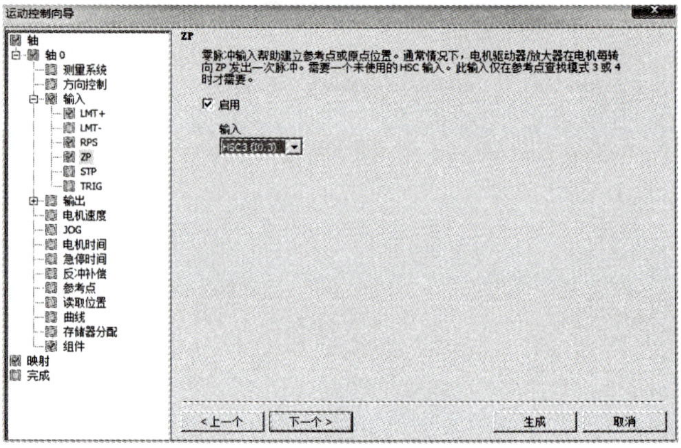

图 3.1.14　ZP 零脉冲组态

（7）STP 停止点组态，如图 3.1.15 所示。

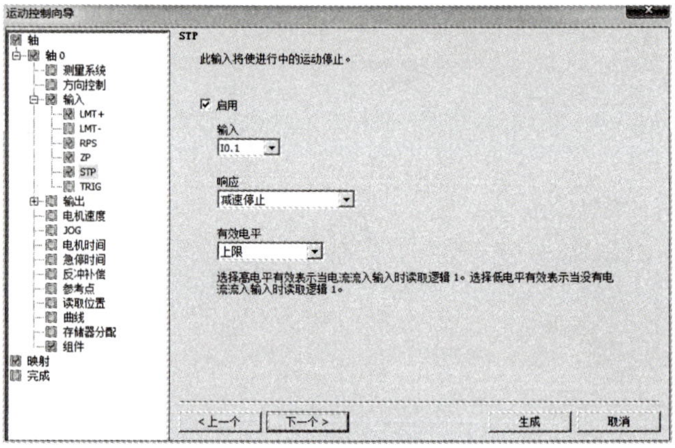

图 3.1.15　STP 停止点组态

（8）TRIG 曲线停止功能组态，如图 3.1.16 所示。

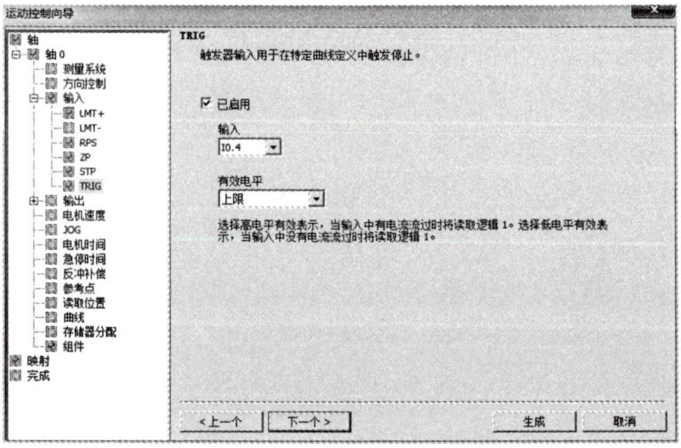

图 3.1.16　TRIG 曲线停止功能组态

（9）DIS 驱动器禁用/启用功能组态，如图 3.1.17 所示。

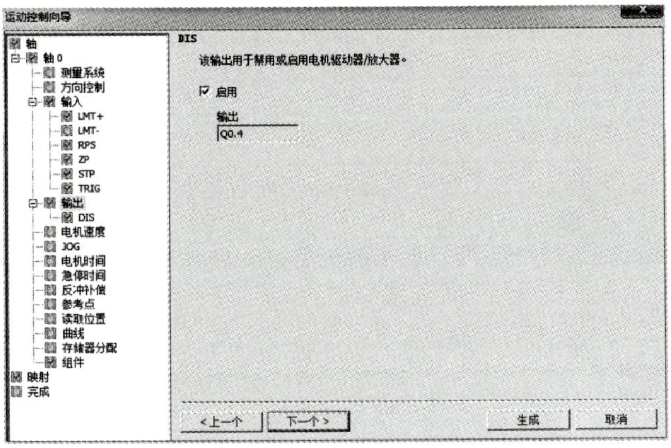

图 3.1.17　DIS 组态

（10）电机速度组态，如图 3.1.18 所示。

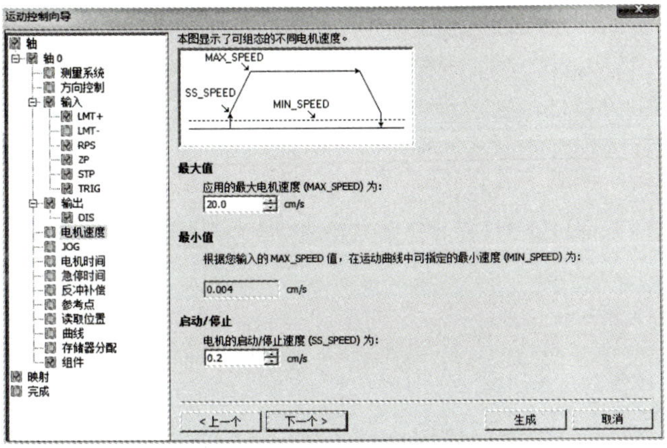

图 3.1.18　电机速度组态

（11）点动功能组态，如图 3.1.19 所示。

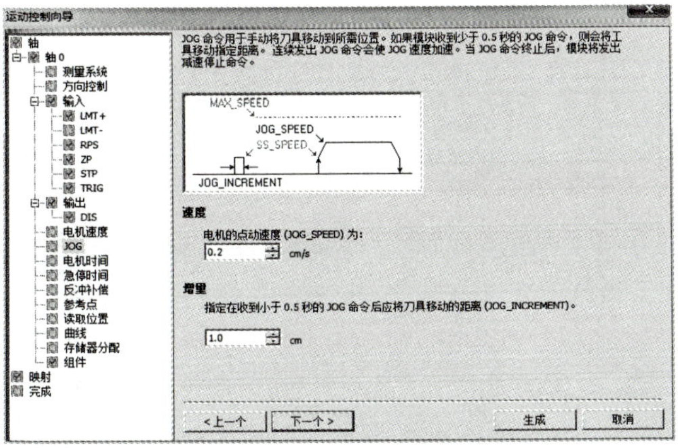

图 3.1.19　点动功能组态

（12）电机时间组态，如图 3.1.20 所示。

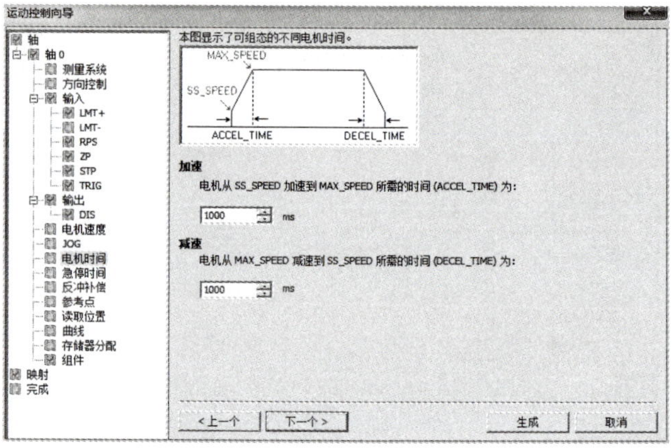

图 3.1.20　电机时间组态

（13）S 曲线时间组态，如图 3.1.21 所示。

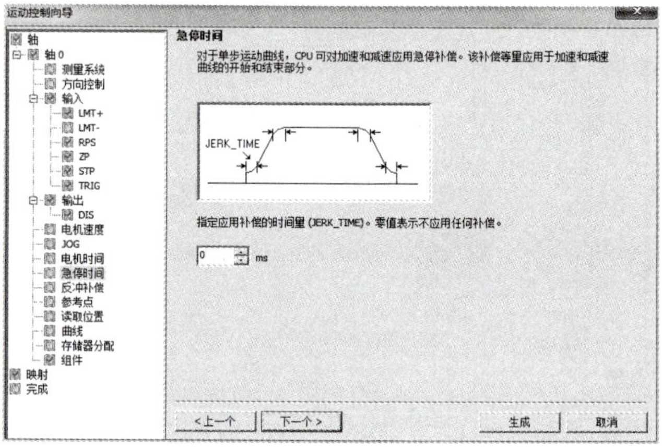

图 3.1.21　S 曲线时间组态

（14）反冲补偿组态，如图 3.1.22 所示。

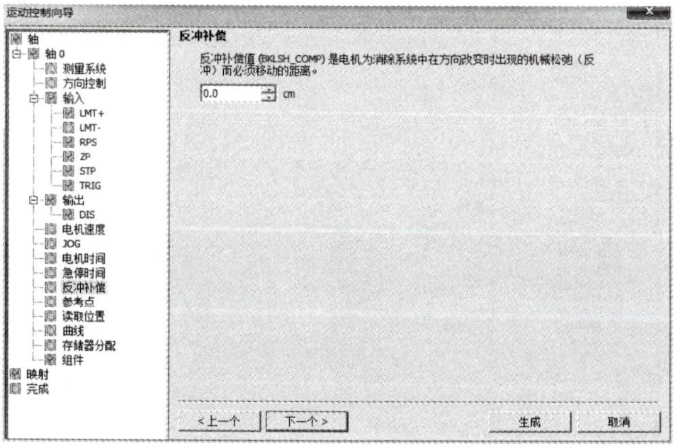

图 3.1.22　反冲补偿组态

（15）寻参速度、方向组态，如图 3.1.23 所示。

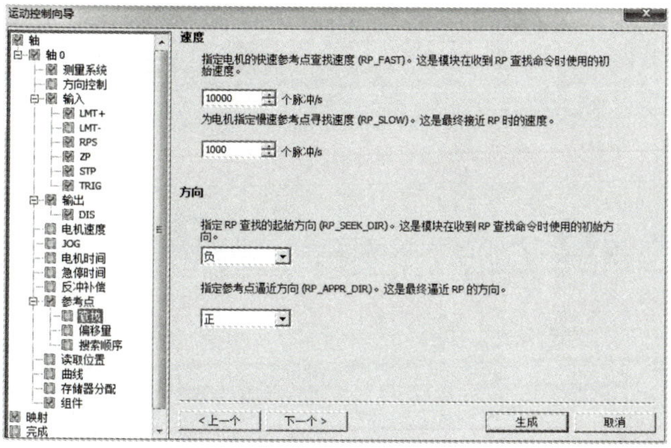

图 3.1.23　寻参速度、方向组态

（16）寻参偏移量组态，如图 3.1.24 所示。

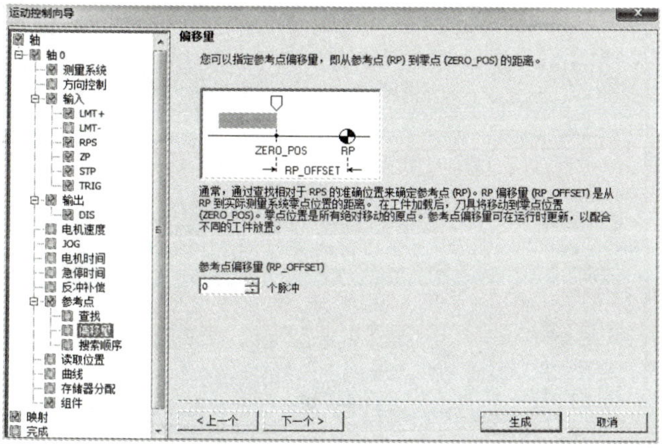

图 3.1.24　寻参偏移量组态

（17）寻参搜索顺序组态，如图 3.1.25 所示。

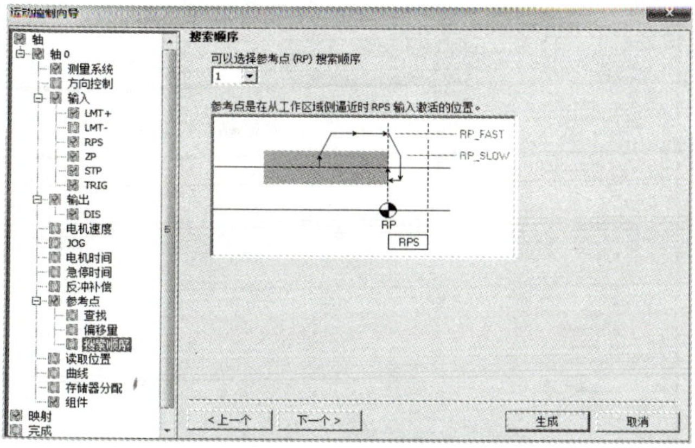

图 3.1.25　寻参搜索顺序组态

（18）读取驱动器位置组态，如图 3.1.26 所示。

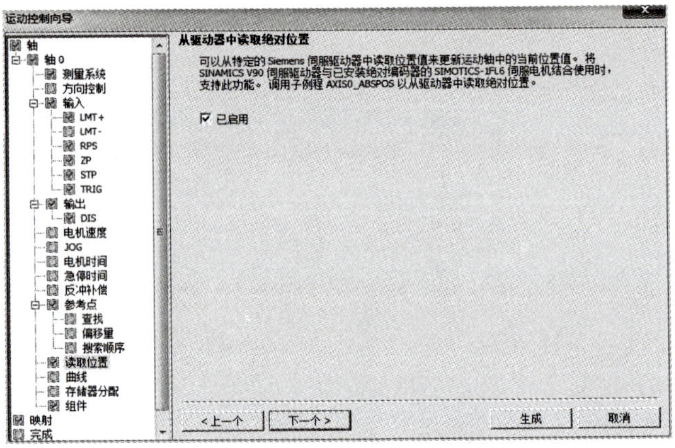

图 3.1.26　读取驱动器位置组态

（19）曲线功能激活，如图 3.1.27 所示。

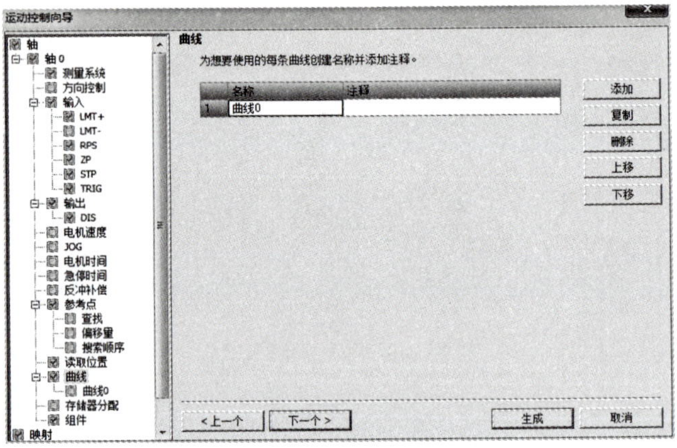

图 3.1.27　曲线功能激活

（20）曲线运动模式组态，如图 3.1.28 所示。

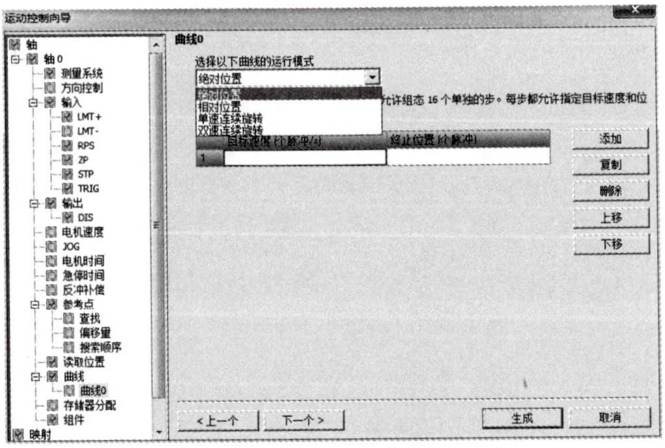

图 3.1.28　曲线运动模式组态

（21）组件选择组态，如图 3.1.29 所示。

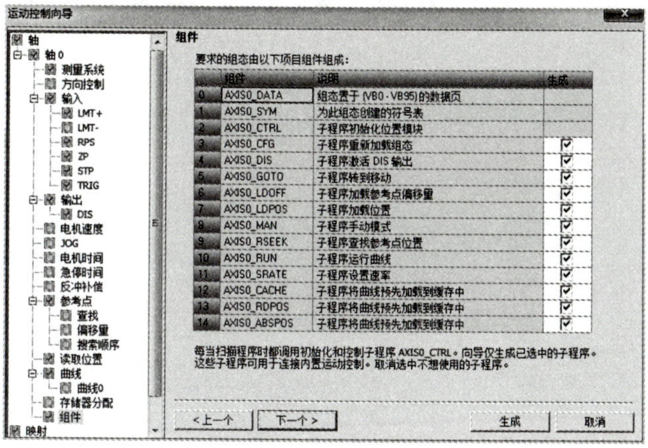

图 3.1.29　组件选择组态

（22）向导 I/O 映射，如图 3.1.30 所示。

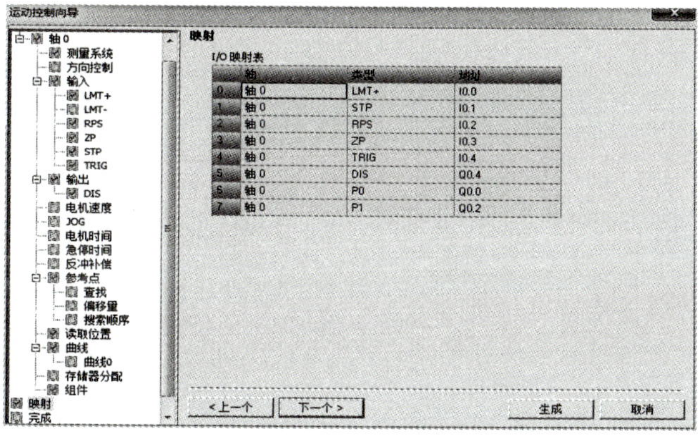

图 3.1.30　向导 I/O 映射

三、拓展与思考

任务：运动控制面板操作。

运动控制面板可脱离程序控制轴的运动，一般用于检查轴的基本组态是否正确及基本的功能是否正常。建议在使用指令控制之前使用控制面板测试，测试成功之后再编制运动控制程序。

（1）起动控制面板的条件：

① 将运动控制向导生成的所有组件下载到 CPU 中，否则 CPU 无法得到操作所需的有效程序组件。

② 将 CPU 的运行状态设置为“STOP”。

（2）打开运动控制面板：在编程软件的主界面选择“工具”，然后再选择“运动控制面板”，如图 3.1.31 所示。

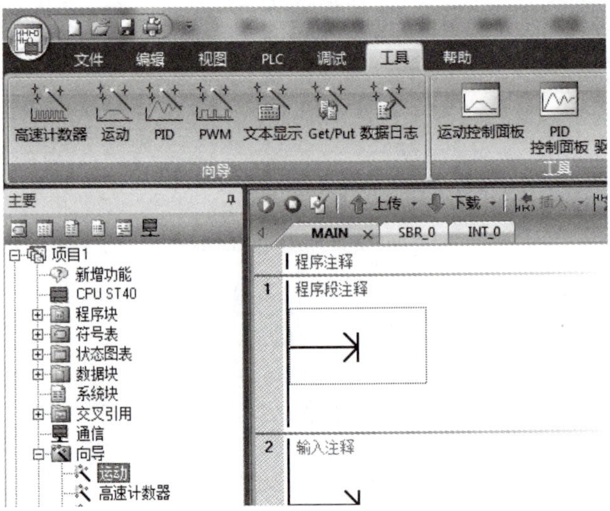

图 3.1.31　打开运动控制面板

（3）控制面板布局和调试。

任务二　搬运机械手位置及调速 PLC 程序设计

任务目的

（1）了解机械手的工作特点。

（2）掌握机械手的位置控制。

（3）掌握机械手调试控制系统。

任务导入

机械手是在机械化、自动化生产过程中发展起来的一种新型装置。在现代生产过程中，机械手被广泛运用于自动生产线中，机械人的研制和生产已成为高技术领域内迅速发展起来的一门新兴技术，它更加促进了机械手的发展，使得机械手能更好地实现与机械化和自动化的有机结合。机械手虽然还不如人手那样灵活，但它具有能不断重复工作和劳动、不知疲劳、不怕危险、抓举重物的力量比人手力大等特点，因此机械手已受到许多部门的重视，得到越来越广泛的应用。

一、知识准备

机械手是模仿着人手的部分动作，按给定程序、轨迹和要求实现自动抓取、搬运或操作的自动机械装置。在工业生产中应用的机械手被称为“工业机械手”。生产中应用机械手可以提高生产的自动化水平和劳动生产率，可以减轻劳动强度，保证产品质量，实现安全生产，尤其在高温、高压、低温、低压、粉尘、易爆、有毒气体和放射性等恶劣的环境中，它代替人进行正常的工作，意义更为重大。因此，在机械加工、冲压、铸、锻、焊接、热处理、电镀、喷漆、装配以及轻工业、交通运输业等方面得到越来越广泛的应用。机械手并不是在简单意义上代替人工的劳动，而是综合了人的特长和机器特长的一种拟人的电子机械装置，既有人对环境状态的快速反应和分析判断能力，又有机器可长时间持续工作、精确度高、抗恶劣环境的能力，从某种意义上说它也是机器的进化过程产物，它是工业以及非产业界的重要生产和服务性设备，也是先进制造技术领域不可缺少的自动化设备。

机械手是最早出现的工业机器人，也是最早出现的现代机器人，近年来，在各大行业中得到了广泛运用。随着机械手技术和科技的快速发展，以及工厂对自身自动化程度的要求也变得越来越高，行业专家预计机械手会更快地得到普及。

机械手优点众多，机械手可以模仿人类手臂的某些动作功能，用以按固定程序抓取、搬运物件或操作工具。使用机械手可减少工人工作量，提高劳动生产率及车间自动化水平。

机械手的结构形式开始比较简单，专用性较强，仅为某台机床的上下料装置，是附属于该机床的专用机械手。随着工业技术的发展，制成了能够独立地按程序控制实现重复操作，适用范围比较广的程序控制通用机械手，简称“通用机械手”。由于通用机械手能很快地改变工作程序，适应性较强，所以它在不断变换生产品种的中小批量生产中获得广泛应用。

二、任务实施

（一）任务要求

当按起动按钮后，搬运机械手开始正向运转；当接触到限位传感器时，搬运机械手停止。

（二）任务内容

（1）PLC 输入、输出分配表见表 3.2.1。

表 3.2.1　PLC 输入、输出分配表

输入			输出		
名称	输入点	功能	名称	输出点	功能
按钮 SB5	I0.0	起动	步进电机	Q0.0	步进电机驱动器 PUL+
基准传感器	I1.4	停止		Q0.1	步进电机驱动器 DIR+
				Q0.2	步进电机驱动器 ENA+

（2）控制程序如图 3.2.1 所示。

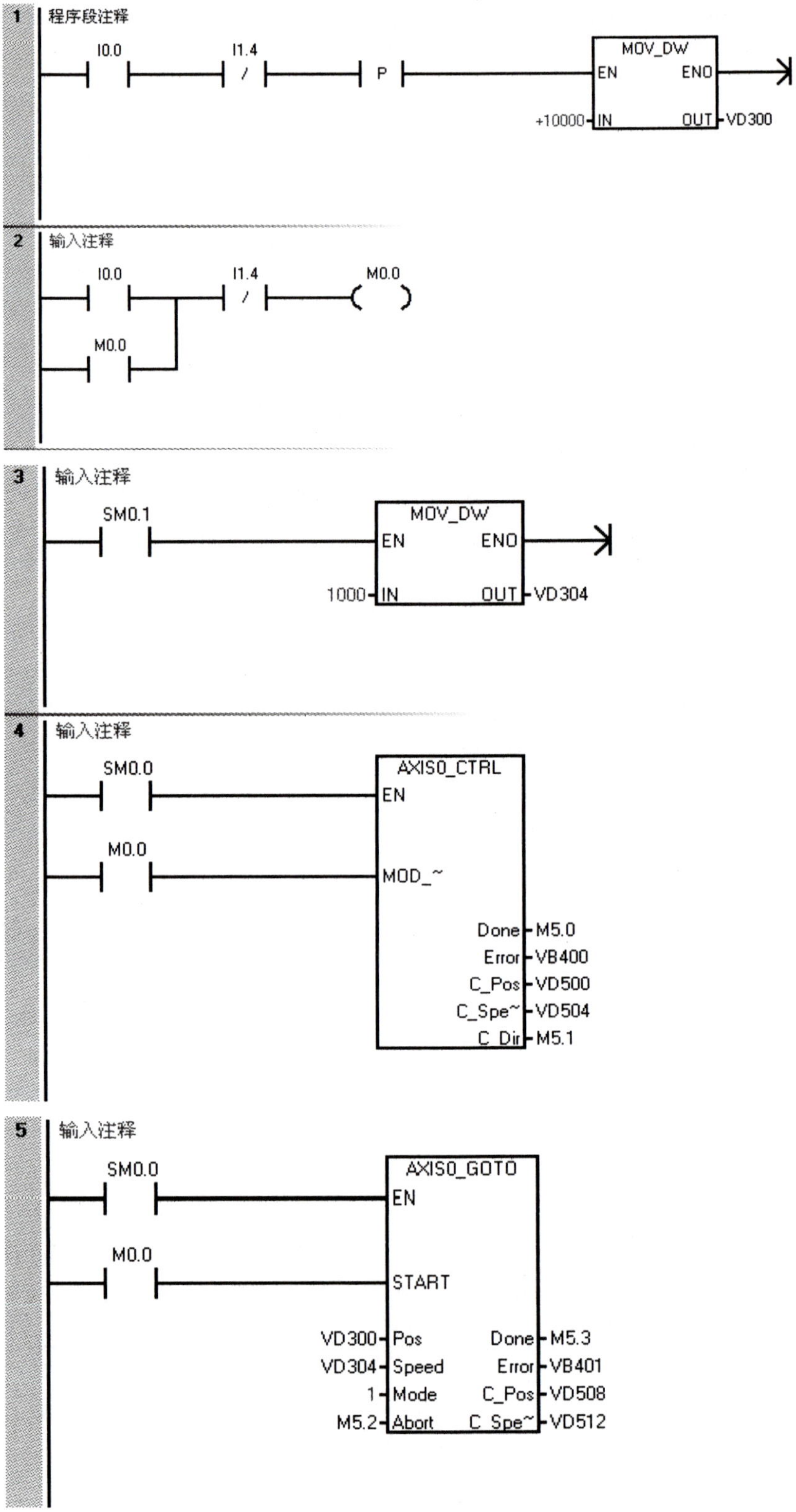
1
程序段注释
I0.0
I1.4
P
MOV_DW
EN
ENO
+10000
IN
OUT
VD300
2
输入注释
I0.0
I1.4
M0.0
M0.0
3
输入注释
SM0.1
MOV_DW
EN
ENO
1000
IN
OUT
VD304
4
输入注释
SM0.0
AXIS0_CTRL
EN
M0.0
MOD_~
Done
M5.0
Error
VB400
C_Pos
VD500
C_Spe~
VD504
C_Dir
M5.1
5
输入注释
SM0.0
AXIS0_GOTO
EN
M0.0
START
VD300
Pos
Done
M5.3
VD304
Speed
Error
VB401
1
Mode
C_Pos
VD508
M5.2
Abort
C_Spe~
VD512

图 3.2.1　控制程序

（3）电气控制原理图（略）。

（4）将程序写入 PLC 中。

（5）运行，调试。

三、拓展与思考

思考：搬运机械手调速如何控制调试（见图 3.2.2）。

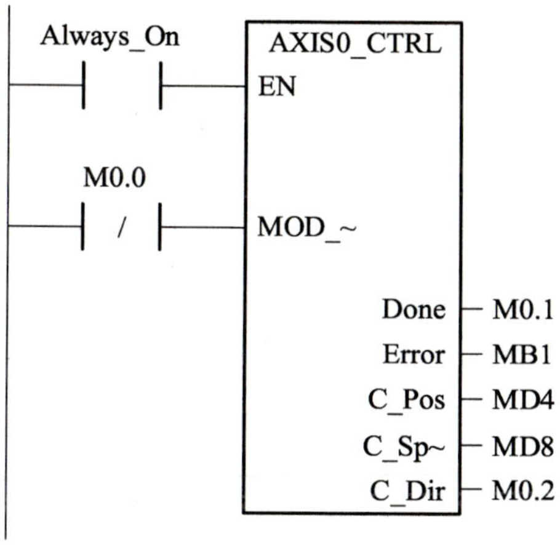

图 3.2.2 思考

任务三 搬运机械手手臂 PLC 程序设计

任务目的

（1）了解搬运机械手手臂控制结构系统。

（2）掌握搬运机械手手臂手动控制系统。

（3）掌握搬运机械手手臂自动控制系统。

任务导入

搬运机械手手臂控制在手臂控制系统中是很重要的一个环节。搬运机械手手臂控制系统可分为手动控制系统和自动控制系统。其中，自动控制系统主要由磁性传感器做中间衔接元件，以达到自动控制系统的要求。

一、知识准备

（一）机械手构成

机械手主要由执行机构、驱动机构和控制系统三大部分组成。手部是用来抓持工件（或工具）的部件，根据被抓持物件的形状、尺寸、重量、材料和作业要求而有多种结构形式，如夹持型、托持型和吸附型等。运动机构，使手部完成各种转动（摆动）、移动或复合运动来实现规定的动作，改变被抓持物件的位置和姿势。运动机构的升降、伸缩、旋转等独立运动方式，称为机械手的自由度。为了抓取空间中任意位置和方位的物体，需有 6 个自由度。自由度是机械手设计的关键参数。自由度越多，机械手的灵活性越大，通用性越广，其结构也越复杂。一般专用机械手有 2 ~ 3 个自由度。控制系统是通过对机械手每个自由度的电机的控制，来完成特定动作，同时接收传感器反馈的信息，形成稳定的闭环控制。控制系统的核心通常是由单片机或 DSP（数字信号处理）等微控制芯片构成，通过对其编程实现所需功能。

1. 执行机构

机械手的执行机构分为手部、手臂、躯干。

1）手部

手部安装在手臂的前端。手臂的内孔中装有传动轴，可把运动传给手腕，以转动、伸曲手腕及开闭手指。

机械手手部的构造模仿人的手指，分为无关节、固定关节和自由关节 3 种。手指的数量又可分为二指、三指、四指等，其中以二指用得最多。可根据夹持对象的形状和大小配备多种形状和大小的夹头，以适应操作的需要。没有手指的手部，一般都是指真空吸盘或磁性吸盘。

2）手臂

手臂的作用是引导手指准确地抓住工件，并运送到所需的位置上。为了使机械手能够正确地工作，手臂的 3 个自由度都要精确地定位。

3）躯干

躯干是安装手臂、动力源和各种执行机构的支架。

2. 驱动机构

机械手所用的驱动机构主要有 4 种：液压驱动、气压驱动、电气驱动和机械驱动。

1）液压驱动式

液压驱动式机械手通常由液动机（各种油缸、油马达）、伺服阀、油泵、油箱等组成驱动系统，由驱动机械手执行机构进行工作。通常它具有很大的抓举能力（高达几百千克以上），其特点是结构紧凑、动作平稳、耐冲击、耐振动、防爆性好，但液压元件要求有较高的制造精度和密封性能，否则漏油将污染环境。

2）气压驱动式

其驱动系统通常由气缸、气阀、气罐和空压机组成，特点是气源方便、动作迅速、结构简单、造价较低、维修方便。但难以进行速度控制，气压不可太高，故抓举能力较低。

3）电气驱动式

电气驱动是机械手使用得最多的一种驱动方式。其特点是电源方便，响应快，驱动力较大（关节型的持重能力已达 400 kg），信号检测、传动、处理方便，并可采用多种灵活的控制方案。驱动电机一般采用步进电机、直流伺服电机（AC）为主要的驱动方式。由于电机速度高，通常须采用减速机构（如谐波传动、RV 摆线针轮传动、齿轮传动、螺旋传动和多杆机构等）。有些机械手已开始采用无减速机构的大转矩、低转速电机进行直接驱动（DD），这样既可使机构简化，又可提高控制精度。

4）机械驱动式

机械驱动只用于动作固定的场合。一般用凸轮连杆机构来实现规定的动作。其特点是动作可靠，工作速度高，成本低，但不易于调整。

其他还有采用混合驱动，即液-气或电-液混合驱动。

3. 控制系统

机械手控制的要素包括工作顺序、到达位置、动作时间、运动速度、加减速度等。机械手的控制分为点位控制和连续轨迹控制两种。

控制系统可根据动作的要求，设计采用数字顺序控制。它首先要编制程序加以存储，然后再根据规定的程序，控制机械手进行工作。程序的存储方式有分离存储和集中存储两种。分离存储是将各种控制因素的信息分别存储于两种以上的存储装置中，如顺序信息存储于插销板、凸轮转鼓、穿孔带内；位置信息存储于时间继电器、定速回转鼓等。集中存储是将各种控制因素的信息全部存储于一种存储装置内，如磁带、磁鼓等。这种方式适用于顺序、位置、时间、速度等必须同时控制的场合，即连续控制的情况下使用。

其中插销板适用于需要迅速改变程序的场合。换一种程序只需抽换一种插销板即可，而同一插件又可以反复使用；穿孔带容纳的程序长度可不受限制，但如果发生错误时就要全部更换；穿孔卡的信息容量有限，但便于更换、保存，可重复使用；磁心和磁鼓仅适用于存储容量较大的场合。至于选择哪一种控制元件，则根据动作的复杂程序和精确程序来确定。

对动作复杂的机械手，采用示教再现型控制系统。更复杂的机械手采用数字控制系统、小型计算机或微处理机控制的系统。

控制系统以插销板用得最多，其次是凸轮转鼓。它装有许多凸轮，每一个凸轮分配给一个运动轴，转鼓运动一周便完成一个循环。

（二）分类

机械手的种类，按驱动方式可分为液压式、气动式、电动式、机械式机械手；按适用范围可分为专用和通用机械手两种；按运动轨迹控制方式可分为点位控制和连续轨迹控制机械手等。

机械手通常用作机床或其他机器的附加装置，如在自动机床或自动生产线上装卸和传递工件，在加工中心中更换刀具等，一般没有独立的控制装置。有些操作装置需要由人直接操纵，如用于原子能领域操持危险物品的主从式操作手也常称为机械手。机械手在锻造工业中的应用能进一步发展锻造设备的生产能力，改善热、累等劳动条件。

（三）市场需求

我国塑料机械已成为机械制造业发展最快的行业之一，年需求量在不断加大。我国塑料机械产业的高速发展主要有以下两大因素：一是对高技术含量装备的需求所带来的设备更新及陈旧设备的淘汰；二是海内塑料加工产业的高速发展，对塑料机械的需求旺盛。

（四）应用领域

1. 工业制造领域

主要让机器人在机械制造业中代替人完成大批量、高质量要求的工作，如汽车制造、舰船制造及某些家电产品（电视机、电冰箱、洗衣机）的制造等。化工等行业自动化生产线中的点焊、弧焊、喷漆、切割、电子装配，以及物流系统的搬运、包装等工作，也有部分是由机器人完成的。

2. 军事领域

主要让机器人执行一些自动侦察与控制任务，尤其是一些相对较为危险的任务，如无人侦察机、拆除炸弹的机器人及扫雷机器人等。机器人还可以代替士兵去完成那些不太复杂的工程及后勤任务，从而使战士从繁重的工作中解脱出来，去从事更加重要的工作。

3. 娱乐领域

机器人在娱乐领域的应用十分广泛，如机器人足球大赛、机器人弹钢琴和机器人宠物等。

4. 医疗领域

机器人主要用来辅助护士进行一些日常的工作，如帮助医生运送用药品及自动监测病房内的空气质量等。医用机器人还可以协助医生完成一些难度较高的手术，如眼部手术、脑部手术等。另外，还有一种可以进入人体血管的微型机器人，帮助医生在病人的血管内灭杀病毒。

二、任务实施

（一）任务要求

当搬运机械手手臂处于收缩状态时，按下按钮 SB3，搬运机械手手臂伸出，松开按钮 SB3，搬运机械手手臂缩回。

（二）任务内容

（1）PLC 输入、输出分配表见表 3.3.1。

表 3.3.1　PLC 输入、输出分配表

输入			输出		
名称	输入点	功能	名称	输出点	功能
按钮 SB3	I0.0	起动	手臂	Q0.0	手臂伸出
手臂缩回限位传感器	I0.1	缩回限位控制			

（2）控制程序如图 3.3.1 所示。

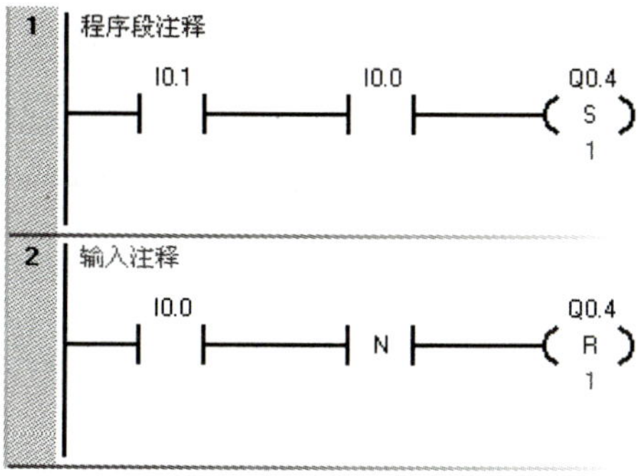

图 3.3.1　控制程序

（3）电气控制原理图（略）。

（4）将程序写入 PLC 中。

（5）运行，调试

三、拓展与思考

（一）任务要求

当搬运机械手手臂处于缩回状态时，按下按钮 SB3，搬运机械手手臂伸出，直至搬运机械手手臂伸出限位传感器处，3 s 后搬运机械手手臂缩回。

（二）任务内容

（1）PLC 输入、输出分配表见表 3.2.2。

表 3.2.2　PLC 输入、输出分配表

输入			输出		
名称	输入点	功能	名称	输出点	功能
按钮 SB3	I0.0	起动	手臂	Q0.0	手臂伸出
手臂缩回限位传感器	I0.1	缩回限位控制			
手臂伸出限位传感器	I0.2	伸出限位控制			

（2）控制程序如图 3.3.2 所示。

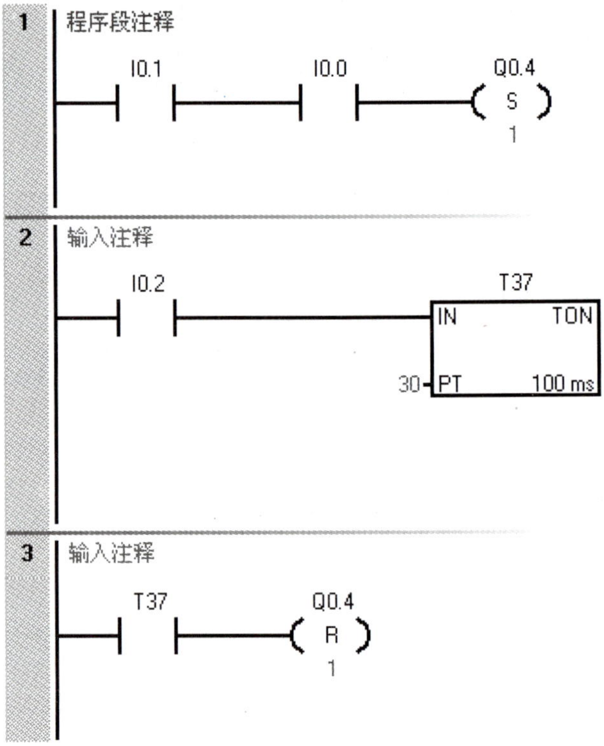

图 3.3.2　控制程序

（3）电气控制原理图（略）。

（4）将程序写入 PLC 中。

（5）运行，调试。

任务四　搬运机械手手爪 PLC 程序设计

任务目的

（1）了解搬运机械手手爪控制结构系统。

（2）掌握搬运机械手手爪手动控制系统。

（3）掌握搬运机械手手爪自动控制系统。

任务导入

搬运机械手手爪控制在机械手控制系统中主要承担物料拾取工作。搬运机械手手爪控制系统可分为手动控制系统和自动控制系统。其中，自动控制系统主要由磁性传感器做中间衔接元件，以达到自动控制系统的要求。

一、知识准备

机械手可以减省工人，提高效率和产品品质，降低成本，安全性好，还可以提升工厂形象。

多关节机械手的优点是动作灵活，运动惯性小，通用性强，能抓取靠近机座的工件，并能绕过机体和工作机械之间的障碍物进行工作。随着生产的需要，对多关节手臂的灵活性、定位精度及作业空间等提出越来越高的要求。多关节手臂也突破了传统的概念，其关节数量可以从 3 个到十几个甚至更多，其外形也不局限于像人的手臂，而根据不同的场合有所变化。多关节手臂的优良性能是单关节机械手所不能比拟的。

（一）SS 系列旋臂式机械手

该系列机械手主要适用于 30~250 t 卧式射出成型机的成品或水口取出。上下手臂有单截式和双截式两种，整机上下、引拔、旋出、旋入均为全气压驱动，可提升产能（10%~30%），降低产品不良率，节约人工，保障操作人员的安全。

特点：

（1）全机采用铝合金精密铸造，轻巧、耐用。

（2）引拔臂和上下手臂采用高强度铝合金结构梁，配合高刚性精密线性滑轨，运行平稳，噪声小，摩擦小，经久耐用。

（3）超薄型夹具，适合开模距离小的模具，霍尔式夹取确认，灵敏可靠。

（4）预留真空吸取功能，可同时吸夹产品，适合两板模取出。

（5）选用双截式手臂，特殊的倍速结构设计，大幅度缩短上下手臂的结构高度，缩短取出时间，增加稳定性，适用于较低的厂房。

（6）具有外部输出点，可控制输送带、承接台等辅助设备。

（7）可选购 CE 机型，符合 EUROMAP/SPI 的标准及配置标准接口。

（二）AX 系列立式注塑机专用机械手臂

手臂使用线性滑轨搭配铝合金挤型梁，左右旋转更换容易，也可选择无左右旋转，夹具可选购 180°旋转，连杆式夹具，具有较强挟持力。

特点：

（1）掌上型控制系统对话式操作，可以切换中文或英文页面，操作简单易学习，不占空间。

（2）8 组内建标准程式，可储存 12 组教导程式，可以完全满足生产形式及需求。

（3）50 组模具记忆功能，可以节省换模的设定调整。

（4）自动侦测故障并显示于操作器上，并自动记录，方便排除故障。

（5）手动操作时，可以显示所有的输出与输入接点于操作器上，维修方便、快捷。

（6）LED 显示重要信号，如安全门、开模完、允许关模、顶针、成品检测。

（7）备用输出点可以连接其他自动化设备，如输送带、喷离型剂（Silicon）组或是空压剪等。

（8）自动运转下可以修改各项延迟时间与计数，操作方便。

（9）可选购 CE 规格，符合 EUROMAP 或 SPI 的规定。

（10）可以选择 EUROMAP12 或者 EUROMAP67 与成型机连接的标准。

（三）AD 系列轻型横走式机械手

该系列主要适用于 50~200 t 卧式射出成型机的成品或水口取出。上下手臂有单截式和双截式两种，横行驱动方式可采用气压驱动、变频马达驱动和 AC 伺服马达驱动，适合于两板及三板模，可提升产能（20%~30%），降低产品不良率，节约人工，精确控制产量，以及保障操作人员的安全。

特点：

（1）横行可采用无杆缸、变频马达或 AC 伺服马达驱动，配合两组高刚性精密线性滑轨，运行平稳，噪声小，摩擦系数小，经久耐用。

（2）手臂采用单截式高刚性精密线性滑轨，上下结构，可选配双截式手臂，特殊的皮带倍速结构设计，只需一半的行程即可达到全行程，大幅度缩短上下手臂的结构高度，提高上下行的速度及稳定性，可配合厂房高度低的场所。

（3）可选购 CE 机型，符合 EUROMAP/SPI 的标准及配置标准接口。

（四）AD 中型横走系列机械手

该系列主要适用于 50~280 t 卧式射出成型机的成品取出， 可增加副臂用于三板模的水口取出。上下手臂均采用双截式手臂，横行驱动方式可采用变频马达驱动和 AC 伺服马达驱动，上下和引拔均为气压驱动，成品臂上下轴可选购 AC 伺服马达驱动，增加模内的取出效率。

（五）AD 大型横走系列机械手

该系列主要适用于 400~4 000 t 卧式射出成型机的成品取出， 可增加副臂用于三板模的水口取出。上下手臂均采用双截式手臂，横行驱动方式标准为变频马达驱动，可选购 AC 伺服马达驱动，上下和引拔均为气压驱动。成品臂上下轴可选购 AC 伺服马达驱动，增加模内的取出效率。

特点：

（1）横行标准采用变频马达驱动，运行平稳而经济，可选购 AC 伺服马达驱动，运行速度快而精准，定位精度达±0.1 mm。

（2）横行、上下、引拔臂采用高刚性精密直线线性滑轨，耐磨耗，噪声小，平稳，寿命长。

（3）双截式上下手臂采用质量轻、高刚性的铝合金结构梁，配合高刚性精密直线线性滑轨导向运行，其特殊的皮带倍速结构设计，只需一半的行程即可达到全行程，大幅度缩短上下手臂的结构高度，提高上下行的速度及稳定性，可配合厂房高度低的场所。

（4）自动检测报警安全保护，如气压不足或突发故障会自动报警，并自动弹出防落气缸，保证机械手臂和模具的安全。

（5）上下及引拔行程调节和位置调整标准采用手动调位方式，可选购电动调位方式，节省调整时间，增加操作的安全性。

（6）成品臂上下轴如选购 AC 伺服马达驱动，可提高上下动作速度，节省模内时间，增加效率，并可在模外设置不同的置物高度，定位精度达±0.2 mm。

（7）可选购 CE 机型，符合 EUROMAP/SPI 的标准及配置标准接口。

（六）XZ 回斜式单臂单截系列机械手

特点：

（1）可单独取水口，取制品，也可以同时取两板模的制品和水口。

（2）机台手臂采用高强度铝型材，配合精密线型滑轨，重量轻，刚性好，摩擦小，寿命长。

（3）采用高性能组件，经久耐用。

（4）小巧型、掌上型控制器，操作简便，可设置 100 组程序。

（5）机台采用模内快速、模外慢速，不影响成型周期，性能更稳定，动作更安全。

（七）XZ 回斜式单臂双截系列机械手

特点：

（1）机台可在大型机台上用来直接夹取水口或取制品，也可同时取两板模的制品和水口，减少机台成本，经济、实用，具有机台高度小的优势，可在低矮厂房内安装。

（2）手臂应用倍速结构，手臂速度更快。

（3）手臂采用高强度铝型材，配合精密线型滑轨，重量轻，刚性好，摩擦小，寿命长。

（4）采用高性能组件，经久耐用。

（5）小巧型、掌上型控制器，操作简便，可设置 100 组程序。

（6）机台采用模内快速、模外慢速，不影响成型周期，性能更稳定，动作更安全。

（八）XZ 回斜式双臂单截系列机械手

特点：

（1）机台手臂采用高强度铝型材，配合精密线型滑轨，重量轻，刚性好，摩擦小，寿命长。

（2）采用高性能组件，经久耐用。

（3）小巧型、掌上型控制器，操作简便，可设置 100 组程序。

（4）机台可以用来同时取三板模的制品和水口，也可以任意一个手臂单独使用。

（5）机台采用模内快速、模外慢速，不影响成型周期，性能更稳定，动作更安全。

（九）HZ 横走式双臂单截系列机械手

特点：

（1）机台采用无杆气动驱动，动作快，更容易维护。

（2）机台伺服横行采用交流伺服电机驱动，运动速度快，定位准确，可实行横行轴多点置物。

（3）机台横行采用变频马达驱动，动作速度平顺，定位精准。

（4）采用高性能组件，经久耐用。

（5）手臂采用高强度铝型材，重量轻，刚性好，摩擦小，寿命长。

（6）姿势组合设计，固定旋转 90°。

（7）双臂结构可同时取制品和水口，也可以任意一个手臂单独使用。

（十）HZ 横走式单臂双截系列机械手

特点：

（1）机台采用无杆气动驱动，动作快，更容易维护。

（2）机台伺服横行采用交流伺服电机驱动，运动速度快，定位准确，可实行横行轴多点置物。

（3）机台横行采用变频马达驱动，动作速度平顺，定位精准。

（4）采用高性能组件，经久耐用。

（5）手臂采用倍速结构，手臂上下速度更快；具有机台高度矮的优势，可在低矮厂房内安装。

（6）手臂采用高强度铝型材，配合精密线型滑轨，重量轻，刚性好，摩擦小，寿命长。

（7）姿势组合设计，固定旋转 90°，可配合固定模或移动模取出产品。

（十一）HZ 横走式双臂双截系列机械手

特点：

（1）机台横行采用伺服电机驱动，运动速度快，定位准确，可实行横行轴多点置物。

（2）机台横行采用变频马达驱动，动作速度平顺，定位精准。

（3）采用高性能组件，经久耐用。

（4）手臂采用倍速结构，手臂上下速度更快；具有机台高度矮的优势，可在低矮厂房内安装。

（5）手臂采用高强度铝型材，配合精密线型滑轨，重量轻，刚性好，摩擦小，寿命长。

（6）姿势组合设计，固定旋转 90°。

（7）双臂结构可同时取制品和水口，也可以任意一个手臂单独使用。

（十二）HZ-C 大型横走式系列机械手

特点：

（1）伺服机台采用交流伺服电机驱动，运动速度快，定位准确， 可实行横行轴多点置物。

（2）机台采用变频马达驱动，动作速度平顺，定位精准。

（3）采用高性能组件，经久耐用。

（4）倍速机构的应用，手臂速度更快；具有机台高度矮的优势，可在低矮厂房内安装。

（5）机械手手臂采用高强度铝型材，配合精密线型滑轨，重量轻，刚性好。

（6）姿势组合设计，固定旋转 90°，可配合固定模或移动模取出产品，方便、快捷。

（7）双截手臂机构，更适用于特大注塑机，手臂型材结构，运行更加稳固。

（8）双臂结构可同时取制品和水口，也可以任意一个手臂单独使用。

（十三）CZ 侧取式系列机械手

特点：

（1）机台为立式注塑机专用。

（2）机台可单独取水口、取制品，也可同时取两板模制品和水口。

（3）机台手臂采用高强度铝型材，配合精密线型滑轨，重量轻，刚性好，摩擦小，寿命长。

（4）采用高性能组件，经久耐用。

（5）小巧型、掌上型控制器，操作简便，可设置 100 组程序。

（6）机台采用模内快速、模外慢速，不影响成型周期，性能更稳定，能延长使用寿命。

二、任务实施

（一）任务要求

当搬运机械手手爪处于提升限位器时，按下按钮 SB3，搬运机械手手爪下降并保持；然后按下按钮 SB4，搬运机械手手爪夹紧；当搬运机械手手爪处于下降传感器时，按下按钮 SB5，搬运机械手手爪复位。

（二）任务内容

（1）PLC 输入、输出分配表见表 3.4.1。

表 3.4.1　PLC 输入、输出分配表

输入			输出		
名称	输入点	功能	名称	输出点	功能
按钮 SB3	I0.0	手爪下降	手爪	Q0.5	手爪下降
按钮 SB4	I0.1	手爪夹紧	手爪	Q0.6	手爪夹紧
按钮 SB5	I0.2	手爪复位	手爪	Q0.7	手抓松开
手爪提升限位传感器	I0.3	提升限位控制			
手爪下降限位传感器	I0.4	下降限位控制			

（2）控制程序如图 3.4.1 所示。

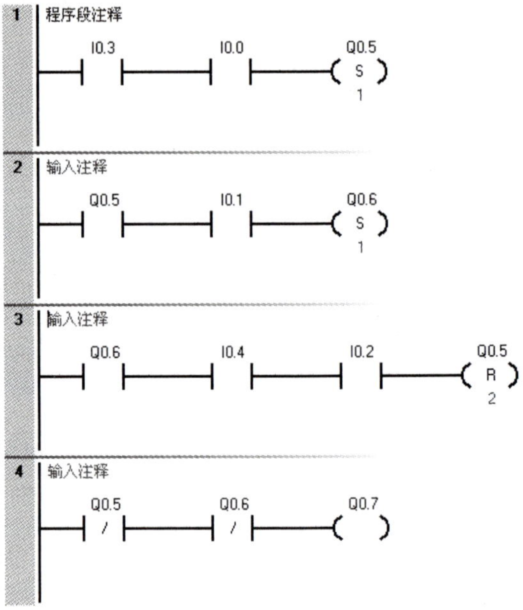

图 3.4.1　控制程序

（3）电气控制原理图（略）。

（4）将程序写入 PLC 中。

（5）运行，调试。

三、拓展与思考

（一）任务要求

当搬运机械手手爪处于提升限位器时，按下按钮 SB3，搬运机械手手爪下降并保持；2 s 后搬运机械手手爪夹紧；当搬运机械手手爪处于下降传感器时，2 s 后，搬运机械手手爪复位。

（二）任务内容

（1）PLC 输入、输出分配表见表 3.4.2。

表 3.4.2　PLC 输入、输出分配表

输入			输出		
名称	输入点	功能	名称	输出点	功能
按钮 SB3	I0.0	手爪下降	手爪	Q0.5	手爪下降
手爪提升限位传感器	I0.3	提升限位控制	手爪	Q0.6	手爪夹紧
手爪下降限位传感器	I0.4	下降限位控制	手爪	Q0.7	手抓松开

（2）控制程序如图 3.4.2 所示。

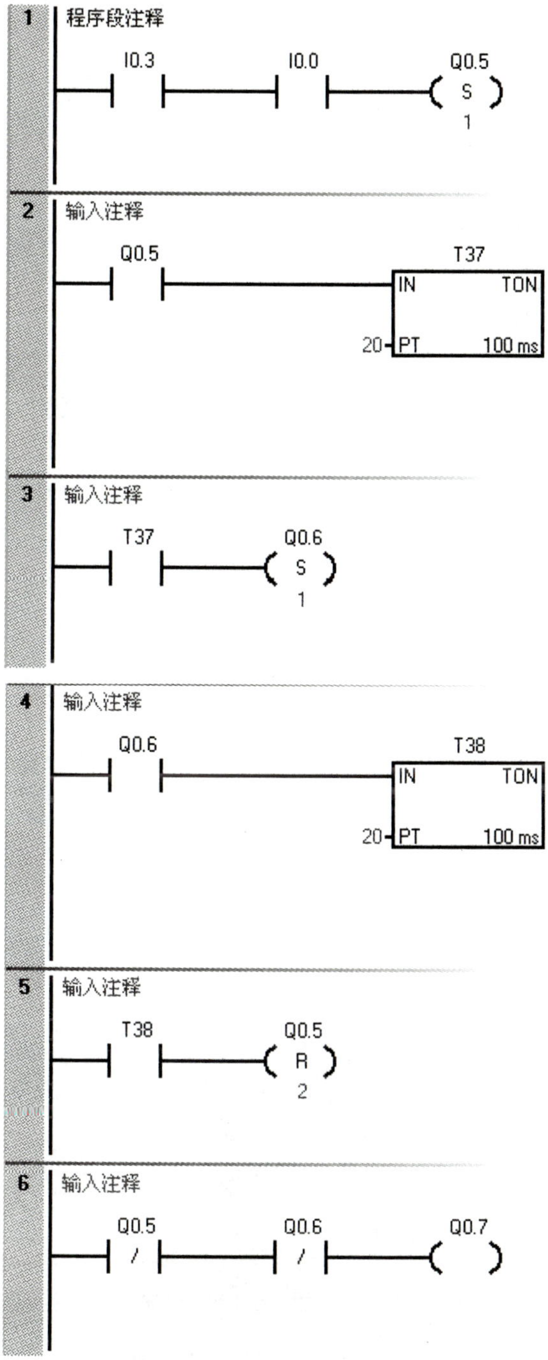

图 3.4.2　控制程序

（3）电气控制原理图（略）。

（4）将程序写入 PLC 中。

（5）运行，调试。

任务五　搬运机械手机构 PLC 程序设计

任务目的

（1）了解搬运机械手机构控制系统。
（2）掌握搬运机械手机构手动控制系统。
（3）掌握搬运机械手机构自动控制系统。

任务导入

搬运机械手机构控制结合手臂控制和手爪控制，并应用磁性限位传感器，共同完成搬运机械手的控制。搬运机械手机构控制系统可分为手动控制系统和自动控制系统。其中，自动控制系统主要由磁性传感器作中间衔接元件，以达到自动控制系统的要求。

一、知识准备

（一）主要组成与功能

该系统由气动手爪、双导杆气缸、单杆气缸、电感传感器、磁性传感器、多种类型电磁阀、步进电机及驱动器组成，如图 3.5.1 所示。它通过气动机械手手臂前伸，前臂下降，气动手指夹紧物料，前臂上升，手臂缩回，手臂旋转到位，手臂前伸，前臂下降，手爪松开将物料放入料口。机械手返回原位，等待下一个物料到位，重复上面的动作。

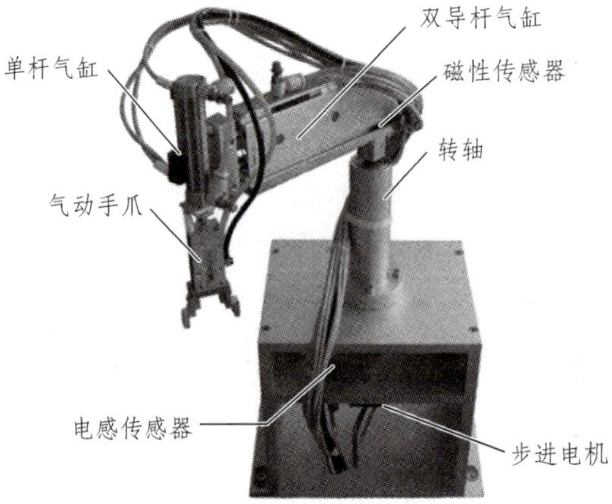

图 3.5.1　主要组成

气动手爪：完成工件的抓取动作，由双向电控阀控制，手爪夹紧时磁性传感器有信号输出，磁性开关指示灯亮。

双导杆气缸：控制机械手臂伸出、缩回，由电控气阀控制。

单杆气缸：控制气动手爪的提升、下降，由电控气阀控制。

电感传感器：机械手臂左摆或右摆到位后，电感传感器信号输出（注意棕色接“+”，蓝色接“-”、黑色接输出）。

磁性传感器：用于气缸的位置检测。当检测到气缸准确到位后将给 PLC 发出一个到位信号（磁性传感器接线时注意蓝色接“-”，棕色接 PLC 输入端）。

步进电机及驱动器：用于控制机械手臂的旋转。通过脉冲个数进行精确定位。

（二）主要技术指标

控制电源：直流 24 V/6 A。

电磁阀：4V120-06、4V130-06。

调速阀：出气节流式。

磁性传感器：D-A73、D-Y59B。

气缸：CDJ2KB16-45-A、CXSM15-100。

气动手指：MHZ2-10D。

电感式传感器：LE4-1K。

步进电机：57BYG350CL-SAKSML050。

步进驱动器：3MD560。

二、任务实施

（一）任务要求

按下按钮 SB1，搬运机械手旋转至基准传感器并停止；按下按钮 SB2，搬运机械手手臂伸出；按下按钮 SB3，搬运机械手手爪下降；按下按钮 SB4，搬运机械手手爪夹紧；按下按钮 SB5，搬运机械手旋转至入料口；按下 SB6 搬运机械手手爪松开；按下 SA1 搬运机械手复位。

（二）任务内容

（1）PLC 输入、输出分配表见表 3.5.1。

表 3.5.1 PLC 输入、输出分配表

输入			输出		
名称	输入点	功能	名称	输出点	功能
按钮 SB1	I0.0	基准控制	步进电机	Q0.0	步进电机驱动器 PUL+
按钮 SB2	I0.1	手臂伸出控制		Q0.1	步进电机驱动器 DIR+
按钮 SB3	I0.2	气动手爪下降控制		Q0.2	步进电机驱动器 ENA+
按钮 SB4	I0.3	气动手爪夹紧控制	手臂	Q0.3	手臂伸出

续表

输入			输出		
名称	输入点	功能	名称	输出点	功能
按钮 SB5	I0.4	入料口控制	手爪	Q0.4	气动手爪下降
按钮 SB6	I0.5	气动手爪松开控制	手爪	Q0.5	手爪夹紧
SA1	I0.6	手臂收缩控制	手爪	Q0.6	手抓松开
SA2	I0.7	气动手爪提升控制			
基准传感器	I1.0	机械手定位控制			

（2）控制程序如图 3.5.2 所示。

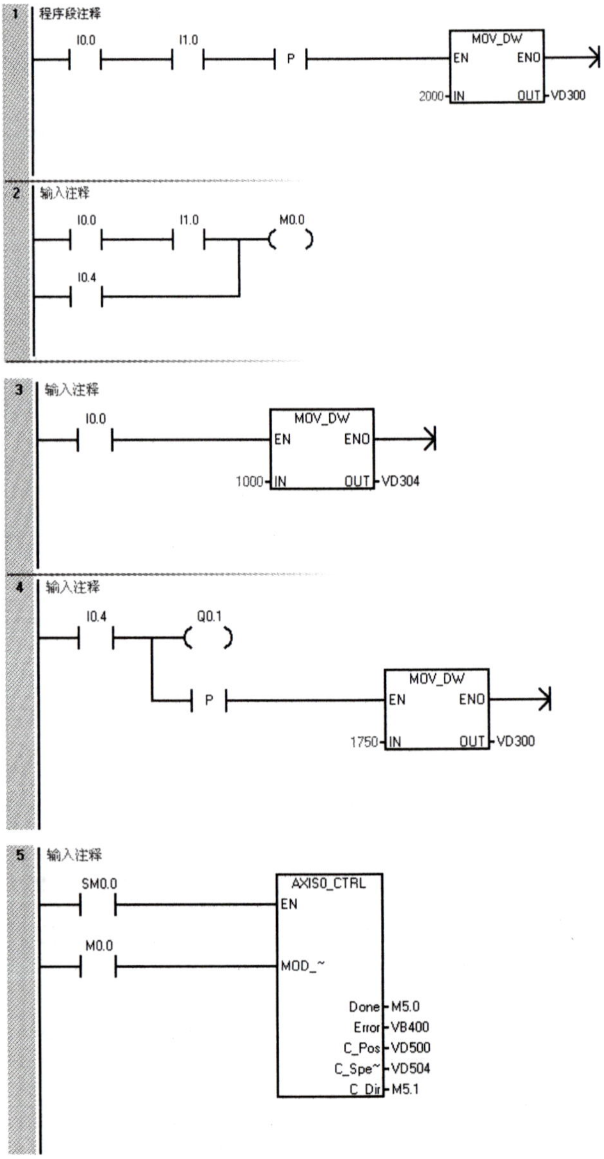

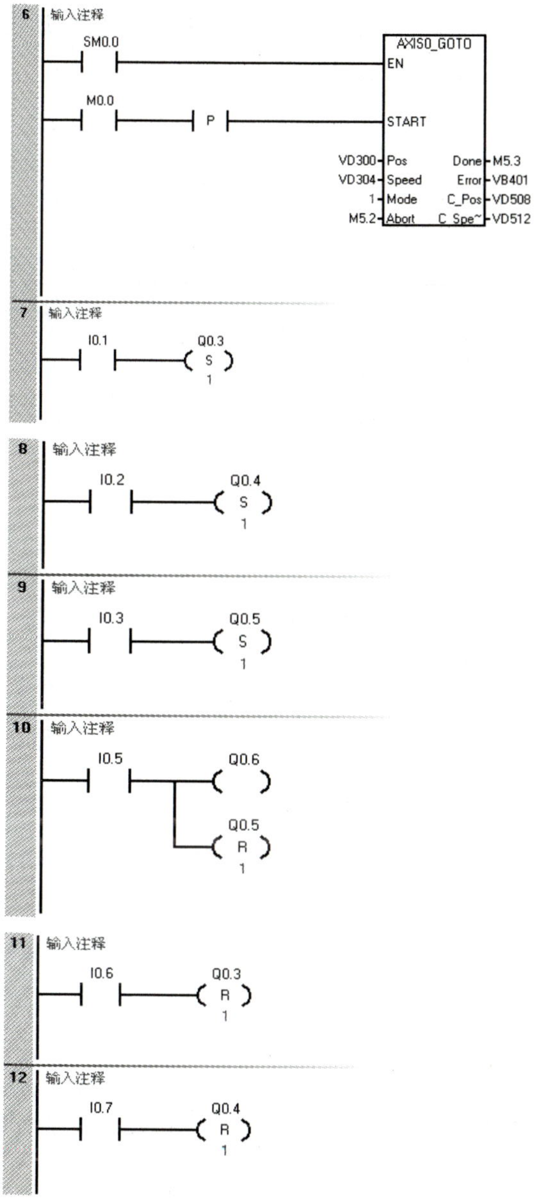

图 3.5.2 控制程序

（3）电气控制原理图（略）。

（4）将程序写入 PLC 中。

（5）调试，运行。

三、拓展与思考

（一）任务要求

按下按钮 SB1，搬运机械手旋转至基准传感器并停止，3 s 后搬运机械手手臂伸出，

3 s 后搬运机械手手爪下降，3 s 后搬运机械手手爪夹紧；3 s 后搬运机械手旋转至入料口，3 s 后搬运机械手手爪松开，按下按钮 SB2，搬运机械手复位。

（二）任务内容

（1）PLC 输入、输出分配表见表 3.5.2。

表 3.5.2　PLC 输入、输出分配表

输入			输出		
名称	输入点	功能	名称	输出点	功能
按钮 SB1	I0.0	起动控制	步进电机	Q0.0	步进电机驱动器 PUL+
按钮 SB2	I0.1	复位控制		Q0.1	步进电机驱动器 DIR+
基准传感器	I0.2	机械手定位控制		Q0.2	步进电机驱动器 ENA+
手臂伸出限位传感器	I0.3	手臂伸出限位控制	手臂	Q0.3	手臂伸出
手臂缩回限位传感器	I0.4	手臂缩回限位控制	手爪	Q0.4	气动手爪下降
手爪下降限位传感器	I0.5	手爪下降限位控制	手爪	Q0.5	手爪夹紧
手爪提升限位传感器	I0.6	手爪提升限位控制	手爪	Q0.6	手爪松开
手爪夹紧限位传感器	I0.7	手爪夹紧限位控制			
物料推出检测传感器	I1.0	物料推出检测控制			

（2）控制程序如图 3.5.3 所示。

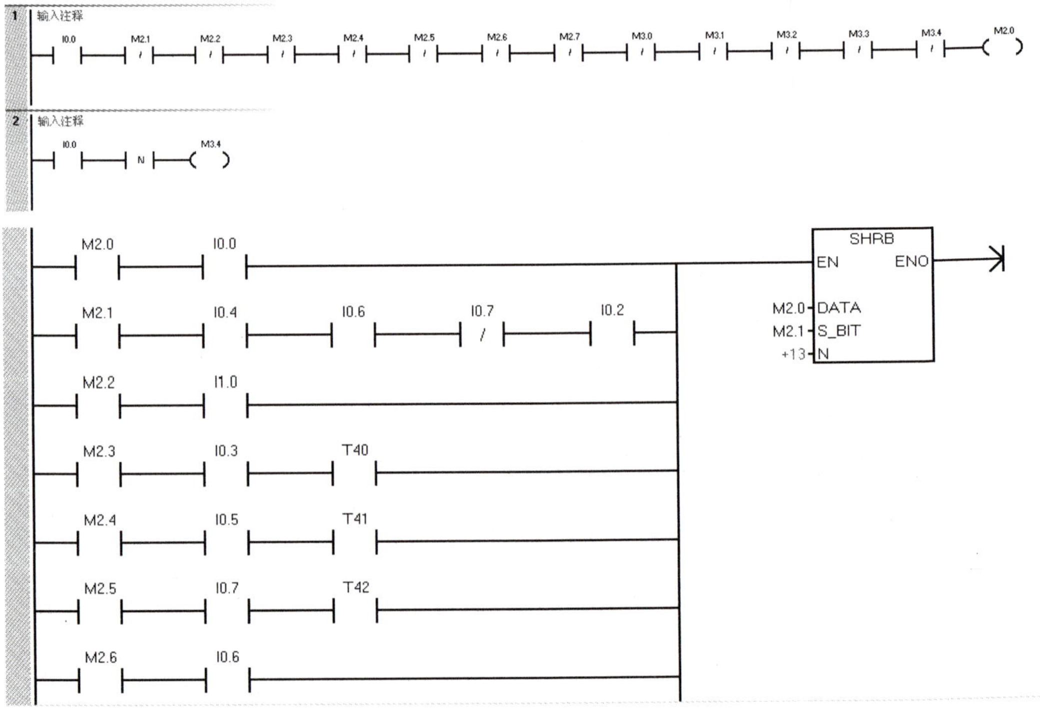

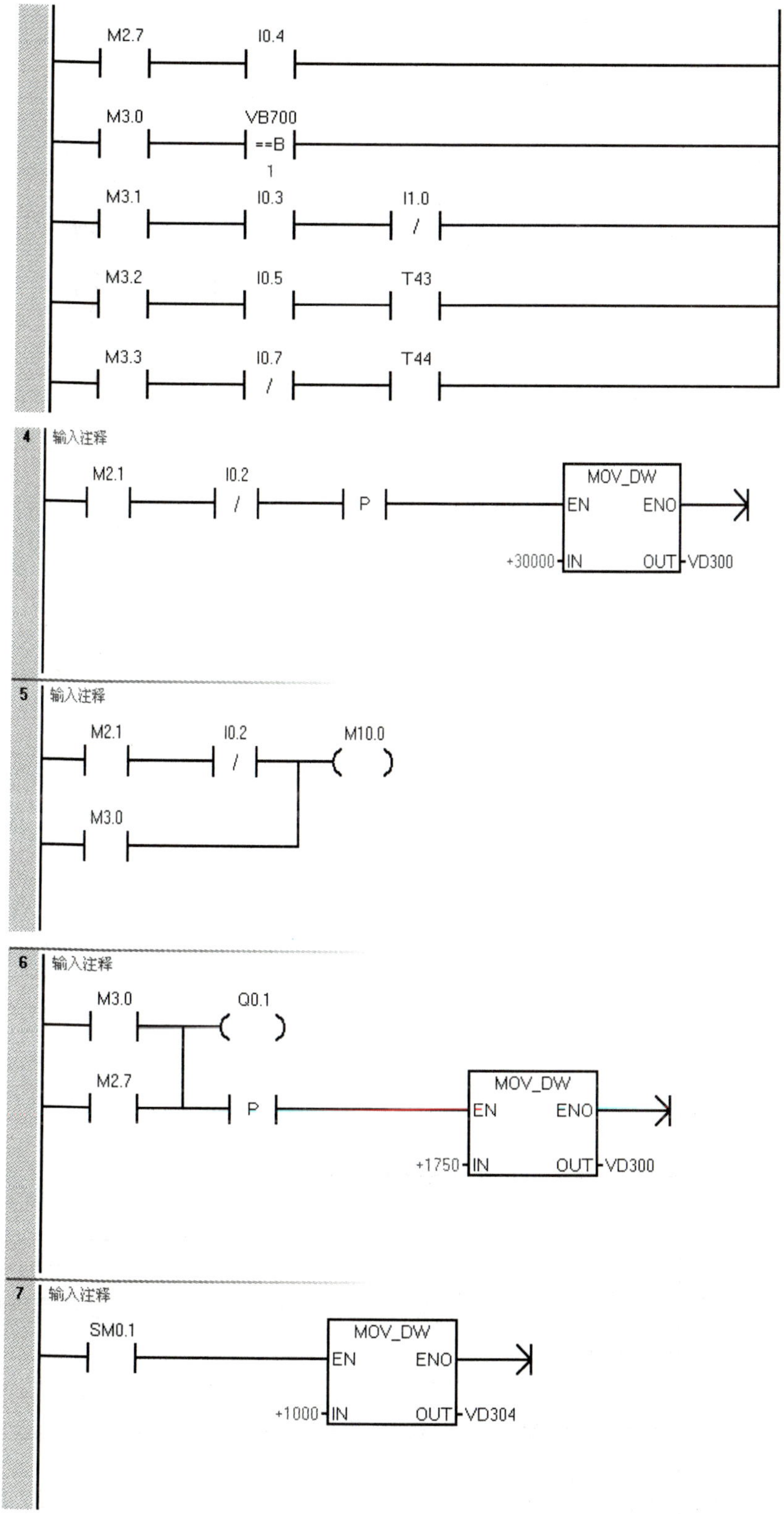
M2.7
I0.4
M3.0
VB700
==B
1
M3.1
I0.3
I1.0
M3.2
I0.5
T43
M3.3
I0.7
T44
4
输入注释
M2.1
I0.2
P
MOV_DW
EN
ENO
+30000
IN
OUT
VD300
5
输入注释
M2.1
I0.2
M10.0
M3.0
6
输入注释
M3.0
Q0.1
M2.7
P
MOV_DW
EN
ENO
+1750
IN
OUT
VD300
7
输入注释
SM0.1
MOV_DW
EN
ENO
+1000
IN
OUT
VD304

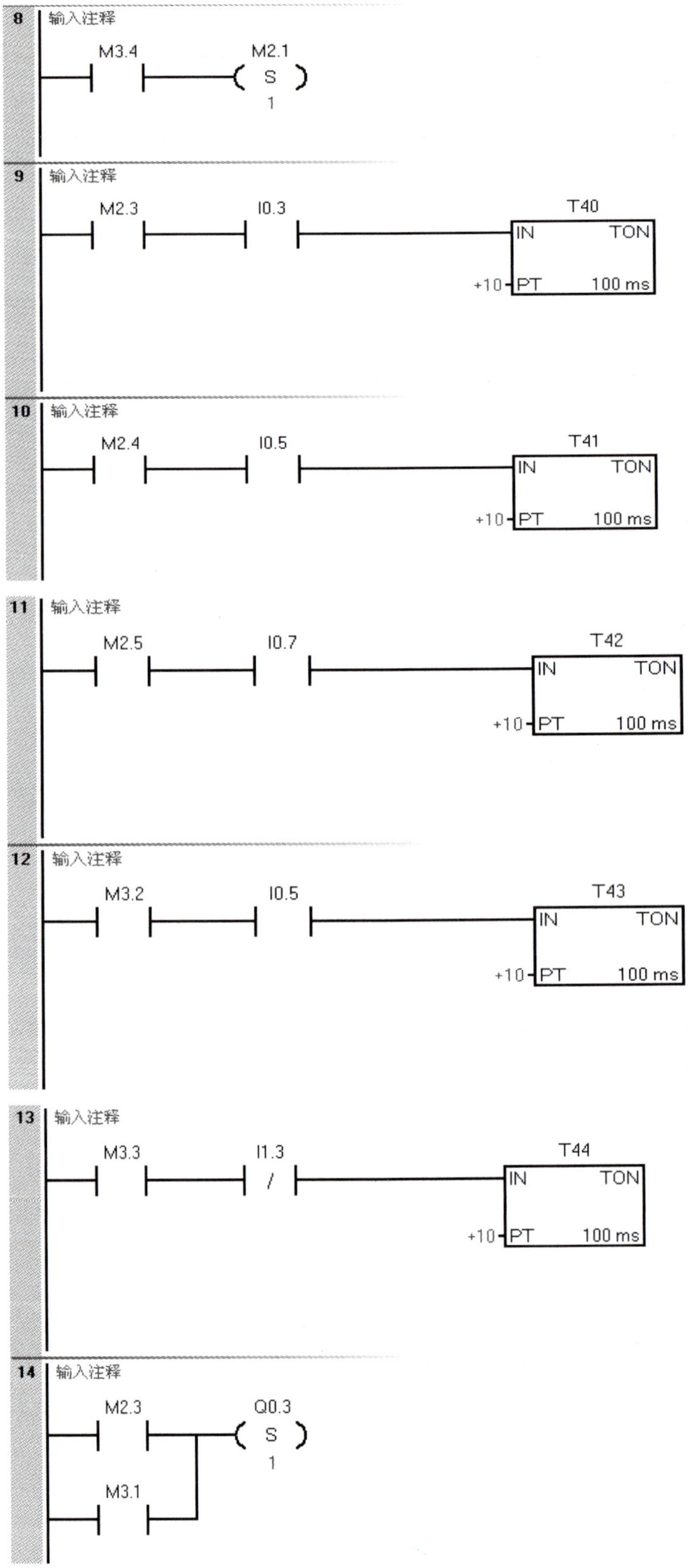
8 输入注释
M3.4
M2.1
S
1
9 输入注释
M2.3
I0.3
T40
IN TON
+10 PT 100 ms
10 输入注释
M2.4
I0.5
T41
IN TON
+10 PT 100 ms
11 输入注释
M2.5
I0.7
T42
IN TON
+10 PT 100 ms
12 输入注释
M3.2
I0.5
T43
IN TON
+10 PT 100 ms
13 输入注释
M3.3
I1.3
T44
IN TON
+10 PT 100 ms
14 输入注释
M2.3
Q0.3
S
1
M3.1

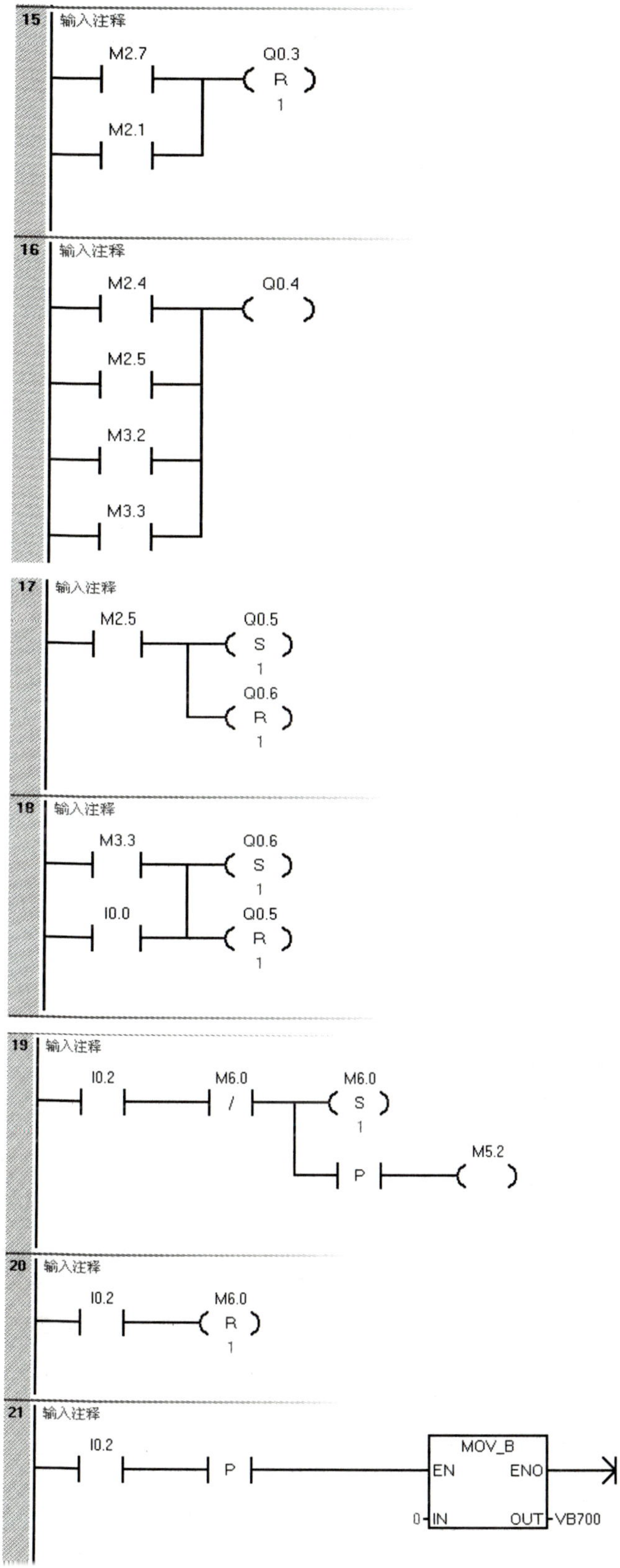

15 输入注释
M2.7
Q0.3
R
1
M2.1
16 输入注释
M2.4
Q0.4
M2.5
M3.2
M3.3
17 输入注释
M2.5
Q0.5
S
1
Q0.6
R
1
18 输入注释
M3.3
Q0.6
S
1
I0.0
Q0.5
R
1
19 输入注释
I0.2
M6.0
/
M6.0
S
1
P
M5.2
20 输入注释
I0.2
M6.0
R
1
21 输入注释
I0.2
P
MOV_B
EN
ENO
0
IN
OUT
VB700

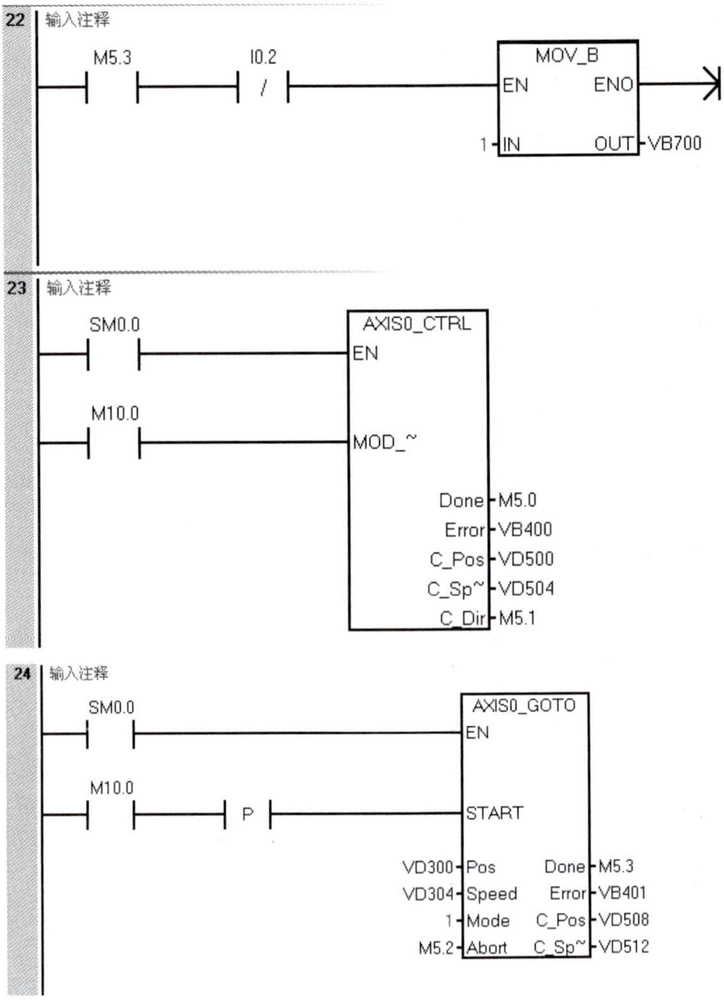

图 3.5.3 控制程序

（3）电气控制原理图（略）。

（4）将程序写入 PLC 中。

（5）运行，调试。

项目四 皮带输送与物料分拣 PLC 程序设计

皮带输送与物料分拣自动控制系统是指用于完成产品的分拣与输送的专用输送设备。自动分拣系统一般由自动控制和计算机管理系统，自动识别装置、分类机构、主输送装置、前处理设备及分拣道口组成。

任务一 皮带输送 PLC 程序设计

任务目的

（1）了解皮带输送控制系统的发展史。

（2）了解皮带输送控制系统的使用范围。

（3）掌握皮带输送控制系统的控制程序。

任务导入

皮带输送控制系统主要是完成其物料的输送任务。在环绕库房、生产车间和包装车间的场地，设置有由许多皮带输送机、滚筒输送机等组成的一条条输送链，经首尾连接形成连续的输送线。在物料的入口处和出口处设有货叉装置、升降机和地面输送线，这样在库房、生产车间和包装车间范围内形成了一个既可顺畅到达各个生产位置同时又是封闭的循环输送线系统。所有生产过程中使用的有关材料、零件、部件和成品等物料，须装在贴有条形码的托盘箱里才能进入输送线系统。在生产管理系统发出的生产指令的作用下，装有物料的托盘箱从指定的入口处进入输送线系统。

一、知识准备

我国古代的高转筒车和提水的翻车，是现代斗式提升机和刮板输送机的雏形。17 世纪中叶，开始应用架空索道输送散状物料；19 世纪中叶，各种现代结构的输送机相继出现。

1868 年，在英国出现了带式输送机；1887 年，在美国出现了螺旋输送机；1905 年，在瑞士出现了钢带式输送机；1906 年，在英国和德国出现了惯性输送机。此后，输送机受到机械制造、电机、化工和冶金工业技术进步的影响，不断完善，逐步由完成车间内部的输送，发展到完成在企业内部、企业之间甚至城市之间的物料搬运，成为物料搬运系统机械化和自动化不可缺少的组成部分。

1. 基本信息

物流输送线自动控制系统主要利用 PLC 控制技术，使系统按照生产指令，通过系统的自动识别功能和输送线系统，自动地和柔性地把托盘箱里的生产物料，以最佳的路径、最快的速度，准确地从生产场地的一个位置输送到另一个位置，完成生产物料的时空转移，保证各种产品的生产按需要协调地进行和按需要迅速地变化，保证工厂设备和生产的高效率运行。在这个过程中，最佳路径控制成为物流自动控制系统的技术关键，而系统其他部分则围绕路径控制进行相应工作。

在输送线的各入口处，操作人员按照生产计划，把物料按种类装入不同的托盘箱，再通过手持式条形码激光扫描仪把这些托盘箱的条形码输入生产管理系统中。生产管理系统对收到的每个托盘箱条形码，依据生产调度计划，立即产生一条该托盘箱的生产指令，并放入生产指令表格中，以便物流自动控制系统查找。每条生产指令内容由三部分组成：该托盘箱上的条形码代码、该托盘箱在输送线上的入口位置和出口位置。

2. 跑偏原因

输送线运行时输送带跑偏是最常见的故障之一。跑偏的原因有多种，其主要原因是安装精度低和日常的维护保养差。安装过程中，头尾滚筒、中间托辊之间尽量在同一中心线上，并且相互平行，以确保输送带不偏或少偏。另外，带子接头要正确，两侧周长应相同。

3. 处理方法

在使用过程中，如果出现跑偏，则要作以下检查以确定原因，并进行调整。输送带跑偏时常检查的部位和处理方法如下：

（1）检查托辊横向中心线与带式输送机纵向中心线的不重合度。如果不重合度值超过 3 mm，则应利用托辊组两侧的长形安装孔对其进行调整。具体方法是输送带偏向哪一侧，托辊组的哪一侧向输送带前进的方向前移，或另外一侧后移。

（2）检查头、尾机架安装轴承座的两个平面的偏差值。若两平面的偏差大于 1 mm，则应将两平面调整在同一平面内。头部滚筒的调整方法是：若输送带向滚筒的右侧跑偏，则滚筒右侧的轴承座应当向前移动或左侧轴承座后移；若输送带向滚筒的左侧跑偏，则滚筒左侧的轴承座应当向前移动或右侧轴承座后移。尾部滚筒的调整方法与头部滚筒刚好相反。

（3）检查物料在输送带上的位置。物料在输送带横断面上不居中，将导致输送带跑偏。

如果物料偏到右侧，则皮带向左侧跑偏，反之亦然。在使用时应尽可能地让物料居中。为减少或避免此类输送带跑偏，可增加挡料板，改变物料的方向和位置。

4. 输送线保养

输送带在生产运行当中，出现打滑的原因有很多，下面主要介绍在作业中常用的处理方法。

（1）食品输送线的输送带负荷过大，超出了电机所能负荷的能力，会打滑。此时应当减轻输送物料的运输量或增加输送机本身的承重力。

（2）食品输送线的起动速度太快造成打滑。此时应当慢速起动或再次点动两下后再重新起动，也可以克服打滑现象。

（3）初张力太小，原因是输送带在离开滚筒时的张力不够，所造成输送带的打滑。此时处理的方法是调整拉紧装置，加大初张力。

（4）滚筒的轴承损坏而不转动。原因可能是灰尘积聚太多或是没有及时检修和更换已被严重磨损而转动不灵活的部件，造成阻力增大而打滑。此时处理的方法是清除灰尘，更换磨损严重的部件。

（5）输送机传动的滚筒与输送带之间的摩擦力不够所造成打滑现象。原因多半是输送带上有水分或作业环境潮湿。此时应当在滚筒加入些许松香末。

二、任务实施

（一）任务要求

当入料口检测到物料时，变频器驱动电动机并带动皮带开始物料运输，当物料进入料槽，电动机停止。

（二）任务内容

（1）PLC 输入、输出分配表见表 4.1.1。

表 4.1.1　PLC 输入、输出分配表

输入			输出		
名称	输入点	功能	名称	输出点	功能
光电传感器	I2.1	入料口检测	变频器	Q8.0	驱动电动机带动皮带
光电传感器	I2.2	分拣槽检测			

（2）控制程序如图 4.1.1 所示。

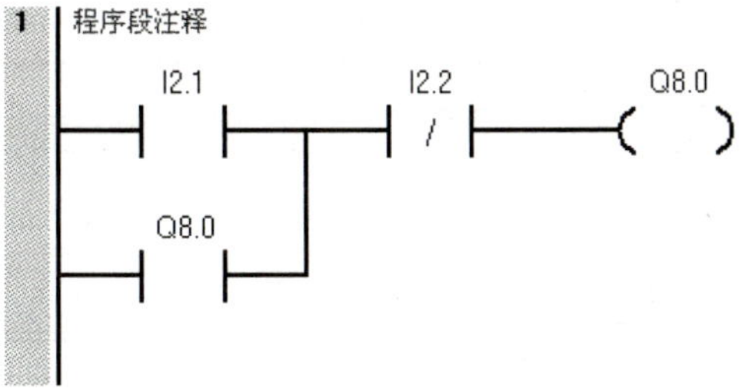

图 4.1.1　控制程序

（3）电气控制原理图（略）。

（4）将程序写入 PLC 中。

（5）调试，运行。

三、拓展与思考

1. 变频器操作面板

变频器操作面板如图 4.1.2 所示。

图 4.1.2 变频器操作面板

变频器操作面板功能说明见表 4.1.2。

表 4.1.2 变频器操作面板功能说明

显示/按钮	功能	功能说明
	状态显示	LCD 显示变频器当前的设定值
	起动变频器	按此键起动变频器。缺省值运行时此键是被封锁的。为了使此键可操作，应设定 P0700=1
	停止变频器	OFF1：按此键，变频器将按选定的斜坡下降速率减速停车。缺省值运行时此键被封锁；为了允许此键可操作，应设定 P0700=1。 OFF2：按此键两次（或一次，但时间较长），电动机将在惯性作用下自由停车。此功能总是“使能”的
	改变电动机的转动方向	按此键可以改变电动机的转动方向。电动机的反向用负号（－）表示或用闪烁的小数点表示。缺省值运行时此键是被封锁的，为了使此键的操作有效，应设定 P0700=1
	电动机点动	在变频器无输出的情况下按此键，将使电动机起动，并按预设定的点动频率运行。释放此键时，变频器停车。如果变频器/电动机正在运行，按此键将不起作用
	功能	此键用于浏览辅助信息。 变频器运行过程中，在显示任何一个参数时按下此键并保持 2 s 不动，将显示以下参数值（在变频器运行中，从任何一个参数开始）： 1. 各负载的正端与 PLC 的输出端相连，各负载的负端全部连接至 24 V 直流电源的负端（用 d 表示-，单位 V）。 2. 输出电流（A）。

续表

显示/按钮	功能	功能说明
		3. 输出频率（Hz）。 4. 输出电压（用 o 表示-，单位 V）。 5. 由 P0005 选定的数值（如果 P0005 选择显示上述参数中的任何一个（3，4 或 5），这里将不再显示）。 连续多次按下此键，将轮流显示以上参数。 **跳转功能：**在显示任何一个参数（r××××或 P××××）时短时间按下此键，将立即跳转到 r0000，如果需要的话，可以接着修改其他参数。跳转到 r0000 后，按此键将返回原来的显示点
	访问参数	按此键即可访问参数
	增加数值	按此键即可增加面板上显示的参数数值
	减少数值	按此键即可减少面板上显示的参数数值

2. 基本操作面板

图 4.1.3 演示了如何修改参数 P0004 的数值。以 P0719 为例，修改下标参数数值的步骤如图 4.1.4 所示。参照该方法，可以用“BOP”设定任何一个参数。

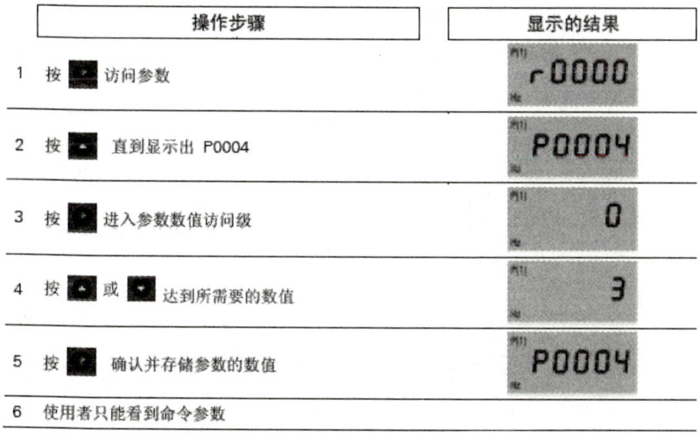

图 4.1.3　改变 P0004 参数过滤功能

修改参数的数值时，BOP 有时会显示 ，表明变频器正忙于处理优先级更高的任务。

操作步骤	显示的结果
1 按 访问参数	r0000
2 按 直到显示出 P0719	P0719
3 按 进入参数数值访问级	in000
4 按 显示当前的设定值	0
5 按 或 选择运行所需要的最大频率	12
6 按 确认和存储 P0719 的设定值	P0719
7 按 直到显示出 r0000	r0000
8 按 返回标准的变频器显示（由用户定义）	

图 4.1.4　用 BOP 修改参数

3. 端子接线操作说明

端子接线操作说明如图 4.1.5 所示。

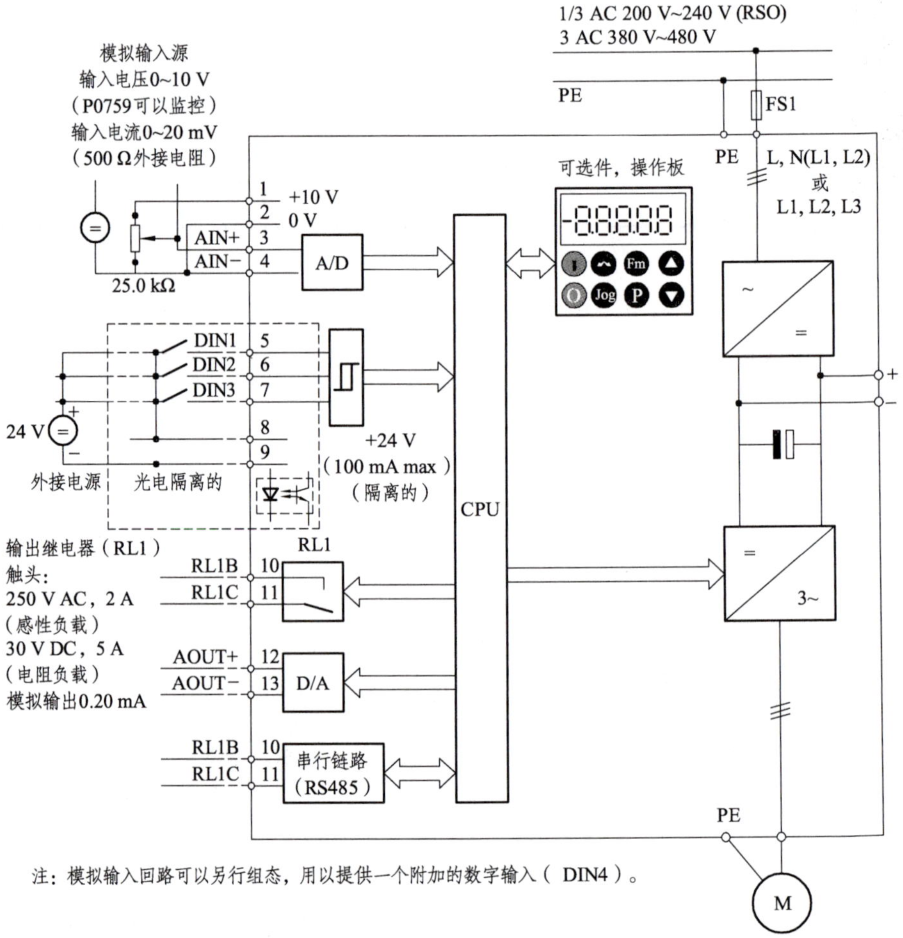

注：模拟输入回路可以另行组态，用以提供一个附加的数字输入（ DIN4 ）。

图 4.1.5　端子接线操作说明

4. 端子的功能

端子的功能见表 4.1.3。

表 4.1.3　端子的功能

端子号	端子功能	相关参数
1	频率设定电源（+10 V）	
2	频率设定电源（0 V）	
3	模拟信号输入端 AIN +	P0700
4	模拟信号输入端 AIN-	P0700
5	多功能数字输入端 DIN1	P0701
6	多功能数字输入端 DIN2	P0702
7	多功能数字输入端 DIN3	P0703
8	多功能数字电源+24 V	
9	多功能数字电源 0 V	
10	输出继电器 RL1B	P0731
11	输出继电器 RL1C	P0731
12	模拟输出 AOUT+	P0771
13	模拟输出 AOUT−	P0771
14	RS485 串行链路 P+	P0004
15	RS485 串行链路 N−	P0004

5. 参数设置方法

为了快速修改参数数值，可以单独修改显示出的每个数字，操作步骤如下：

（1）确信已处于某一参数数值的访问级（参看“用 BOP 修改参数”）。

（2）按（功能键），最右边的一个数字闪烁。

（3）按/，修改这位数字的数值。

（4）再按（功能键），相邻的下一位数字闪烁。

（5）执行第（2）步~第（4）步，直到显示出所要求的数值。

（6）按，退出参数数值的访问级。

提示：功能键也可以用于确认故障的发生。

6. 主要参数设置

主要参数设置见表 4.1.4。

表 4.1.4　主要参数设置

序号	参数代号	设置值	说明
1	P0010	30	调出出厂设置参数
2	P0970	1	恢复出厂值
3	P0003	3	参数访问级
4	P0004	0	参数过滤器
5	P0010	1	快速调试
6	P0100	0	工频选择
7	P0304	380	电动机的额定电压
8	P0305	0.17	电动机的额定电流
9	P0307	0.03	电动机的额定功率
10	P0310	50	电动机的额定频率
11	P0311	1500	电动机的额定速度
12	P0700	2	选择命令源（外部端子控制）
13	P1000	1	选择频率设定值
14	P1080	0	电动机最小频率
15	P1082	50.00	电动机最大频率
16	P1120	2.00	斜坡上升时间
17	P1121	5.00	斜坡下降时间
18	P3900	1	结束快速调试
19	P0003	3	检查 P0003 是否为 3
20	P1040	50	频率设定

任务二　物料分拣 PLC 程序设计

任务目的

（1）了解自动物料分拣的分类。

（2）了解自动物料分拣的总体构成。

（3）掌握物料分拣的控制系统。

任务导入

物料分拣控制系统是物料分类中重要的环节之一，它把来自不同仓库或生产现场的原料、半成品和成品等物品按照不同的类别和规格进行整理归类后，再根据配送指令送到相应的目的地。由于现代企业中产品种类繁多、品种复杂、数量庞大且变化快，这就需要一种高效而可靠的物料自动分类系统来实现对物料的有效管理及快速准确的配货作业。

一、知识准备

（一）物料分拣控制系统的主要特点

（1）能连续、大批量地分拣货物。由于采用生产中使用的流水线自动作业方式，自动分拣系统不受气候、时间、人的体力等的限制，可以连续运行。同时，由于自动分拣系统单位时间分拣件数多，分拣能力强，可连续运行 100 h 以上，每小时可分拣 7 000 件包装商品，如用人工则每小时只能分拣 150 件左右，同时分拣人员也不能在这种劳动强度下连续工作 8 h。

（2）分拣误差率极低。自动分拣系统的分拣误差率大小主要取决于输入分拣信息的准确性，这又取决于分拣信息的输入机制。如果采用人工键盘或语音识别方式输入，则误差率在 3%以上；如果采用条形码扫描输入，除非条形码的印刷本身有差错，否则不会出错。因此，目前自动分拣系统主要采用条形码技术来识别货物。

（3）分拣作业基本实现自动化。建立自动分拣系统的目的之一是减轻员工的劳动强度，提高人员的使用效率，以下工作需人工进行操作：

① 送货车辆抵达自动分拣线的进货端时，由人工接货。

② 由人工控制分拣系统的运行。

③ 分拣线末端由人工将分拣出来的货物进行集载、装车。

④ 自动分拣系统的经营、管理与维护。

（二）自动分拣系统的总体构成

自动分拣系统一般由自动控制和计算机管理系统、自动识别装置、分类机构、主输送装置、前处理设备及分拣道口组成。

（1）自动控制和计算机管理系统是整个自动分拣的控制和指挥中心，分拣系统各部件的一切动作均由控制系统决定。其作用是识别、接收和处理分拣信号，根据分拣信号指示分类机构按一定的规则（如品种、地点等）对产品进行自动分类，从而决定产品的流向。分拣信号的来源可通过条形码扫描、色码扫描、键盘输入、质量检测、语音识别、高度检测及形状识别等方式获取，经信息处理后，转换成相应的拣货单、入库单或电子拣货信号，完成自动分拣作业。

（2）自动识别装置是物料能够实现自动分拣的基础系统。在物流配送中心，广泛采用的自动识别系统是条形码系统和无线射频系统。条码自动识别系统的光电扫描安装在分拣机的不同位置，当物料在扫描器可见范围时，自动读取物料上的条码信息，经过对码软件即可翻译成条码所表示的物料信息，同时感知物料在分拣机上的位置信息，这些信息自动传输到后台计算机管理系统。

（3）分类机构是指将自动识别后的物料引入分拣机主输送线，然后通过分类机构把物料分流到指定的位置。分类机构是分拣系统的核心设备。

（4）主输送装置的作用是将物料输送到相应的分拣道口，以便进行后续作业，它主要由各类输送机械组成，又称主输送线。

（5）前处理设备是分拣系统向主输送装置输送分拣物料的进给台及其他辅助性的运输机和作业台等。进给台的功能有两个：一个是操作人员利用输入装置将各个分拣物料的目的地址送入分拣系统，作为物料的分拣作业指令；二是控制分拣物料进入主输送装置的时间和速度，保证分类机构能准确进行分拣。

（6）分拣道口也称分流输送线，是将物料脱离主输送线使之进入相应集货区的通道。一般由钢带、传送带、滚筒等组成滑道，使物料从输送装置滑入缓冲工作台，然后进行入库上架作业或配货工作。

（三）自动分拣系统的分类

1. 垂直分拣输送机

垂直分拣输送机进料通常从位于实际分拣机前面的积放式输送机——一种简单的输送带开始。操作人员可将货品手动输送到这个积放式输送机上。这是一种理想的高性价比人体工学解决方案。

2. 交叉分拣输送机

交叉分拣输送机具有路线灵活、充分利用空间的特点，还可利用转弯输送机来上坡/下坡。并轨机和目的点均可采用各种方法配置并进行优化，以提高系统性能。利用适当的布局，只需一个系统即可建立多个分拣机区域。

3. 滑块式分拣机系统

滑块式分拣机系统是将随机的、不同类别的、不同去向的物品，按其要求进行分类（按产品类别或产品目的地不同分）的一种物料搬运系统。

（四）分拣输送机的特点

分拣输送机具有分拣速度快、效率高、分拣平稳、运行顺畅等特点。

（五）自动分类输送机应用原理

在批量拣货后，进行第二次分类时，多采用自动分类输送机。拣货有单品拣货和批量拣货两种方式，与单品拣货相比较，批量拣货的效率更高。因此，在决定使用批量拣货后，最好使用自动分类输送机。

拣货也可以称之为分类，一般认为如果采用自动分类输送机，就可以自动地进行拣货或者分货。自动分类输送是一种拣货的方法，在批量拣货后、二次分货时可以采用它。使用旋转货架、以用户为类别对货物进行分货的前提也是批量拣货的效率要比单品拣货的效率高。

（六）常用分拣系统

常用分拣系统包括德国德马泰克的自动分拣系统及相关系统范德兰德、丹麦克瑞斯普兰（德国伯曼机械）的全自动分拣系统、深圳市天和双力物流自动化设备有限公司的自动分拣系统、康大基业电子标签拣货系统、上海邮政通用技术设备公司的交叉带式分拣机控制系统、壹比多系列电子分拣系统等。

二、任务实施

（一）金属物料推料气缸控制系统 1

1. 任务要求

当入料口检测到物料时，变频器驱动电动机并带动皮带开始物料运输，当光电传感器检测到金属物料时，推料气缸将金属物料推至 1 号料槽，皮带运输停止。

2. 任务内容

（1）PLC 输入、输出分配表见表 4.2.1。

表 4.2.1　PLC 输入、输出分配表

输入			输出		
名称	输入点	功能	名称	输出点	功能
光电传感器	I2.1	入料口检测	变频器	Q8.0	驱动电动机带动皮带
光电传感器	I2.2	分拣槽检测	退料气缸	Q0.0	推出金属物料
电感式传感器	I2.3	1 号料槽检测			

（2）控制程序如图 4.2.1 所示。

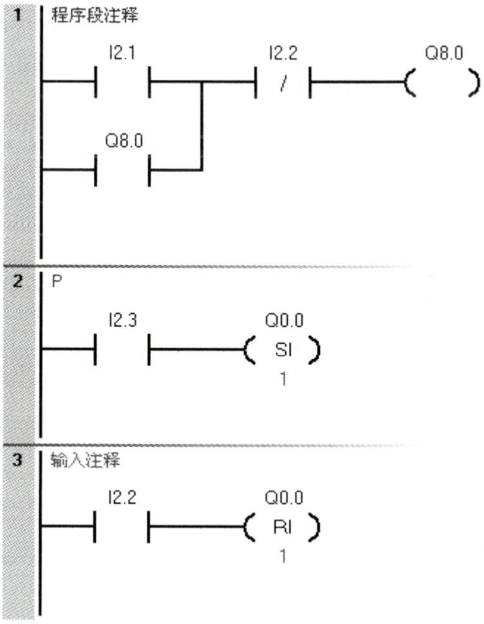

图 4.2.1　控制程序

（3）电气控制原理图（略）。

（4）将程序写入 PLC 中。

（5）调试，运行。

（二）金属物料推料气缸控制系统 2

1. 任务要求

当按下按钮 SB1 时，变频器驱动电动机并带动皮带开始物料运输，当金属物料经过 1 号料槽时，按下按钮 SB3，推料气缸将金属物料推至 1 号料槽，按下按钮 SB2，皮带运输停止。

2. 任务内容

（1）PLC 输入、输出分配表见表 4.2.2。

表 4.2.2　PLC 输入、输出分配表

输入			输出		
名称	输入点	功能	名称	输出点	功能
按钮 SB1	I2.1	入料口检测	变频器	Q8.0	驱动电动机带动皮带
按钮 SB2	I2.2	分拣槽检测	退料气缸	Q0.0	推出金属物料
按钮 SB3	I2.3	1 号料槽检测			

（2）控制程序如图 4.2.2 所示。

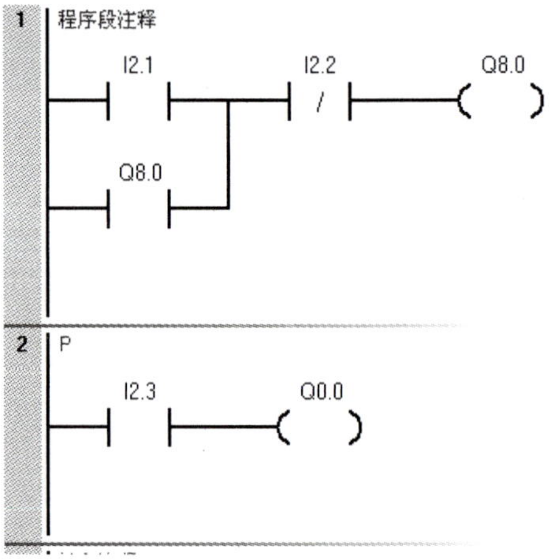

图 4.2.2　控制程序

（3）电气控制原理图（略）

（4）将程序写入 PLC 中。

（5）调试，运行。

（三）白色物料导料气缸控制系统 1

1. 任务要求

当入料口检测到物料时，变频器驱动电动机并带动皮带开始物料运输，当电感式传感器检测到金属物料时，推料气缸将金属物料推至 1 号料槽；当光电传感器检测到白色物料时，导料气缸将白色物料推至 2 号料槽；任意物料进入料槽，皮带运输停止。

2. 任务内容

（1）PLC 输入、输出分配表见表 4.2.3。

表 4.2.3 PLC 输入、输出分配表

输入			输出		
名称	输入点	功能	名称	输出点	功能
光电传感器	I2.1	入料口检测	变频器	Q8.0	驱动电动机带动皮带
光电传感器	I2.2	分拣槽检测	推料气缸	Q0.0	推出金属物料
电感式传感器	I2.3	1 号料槽检测	导料气缸	Q0.1	推出白色物料
光传感器	I2.4	2 号料槽检测			

（2）控制程序如图 4.2.3 所示。

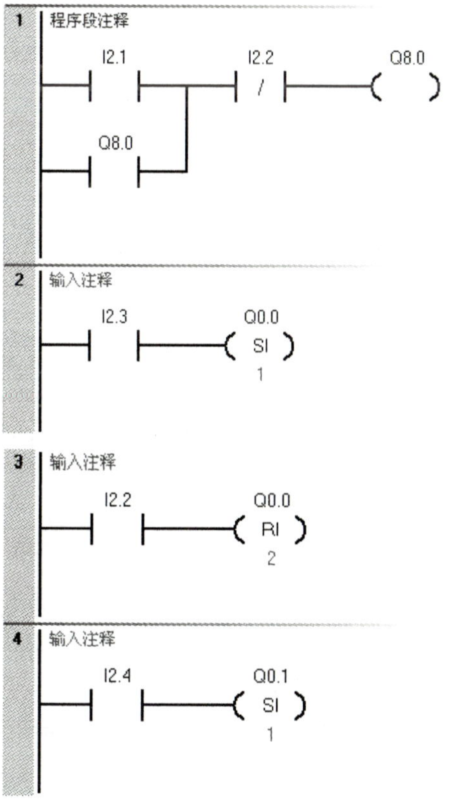

图 4.2.3 控制程序

（3）电气控制原理图（略）。

（4）将程序写入 PLC 中。

（5）调试，运行。

（四）白色物料导料气缸控制系统 2

1. 任务要求

当入料口检测到物料时，变频器驱动电动机并带动皮带开始物料运输，当电金属物料经过 1 号料槽时，按下 SB3 将金属物料推至 1 号料槽；当白色物料经过 2 号料槽时，按下 SB4 将白色物料推至 2 号料槽；按下 SB4 皮带运输停止。

2. 任务内容

（1）PLC 输入、输出分配表见表 4.2.4。

表 4.2.4　PLC 输入、输出分配表

输入			输出		
名称	输入点	功能	名称	输出点	功能
光电传感器	I2.1	入料口检测	变频器	Q8.0	驱动电动机带动皮带
按钮 SB3	I2.2	1 号料槽分拣控制	推料气缸	Q0.0	推出金属物料
按钮 SB4	I2.3	2 号料槽分拣控制	导料气缸	Q0.1	推出白色物料
按钮 SB5	I2.4	停止控制			

（2）控制程序如图 4.2.4 所示。

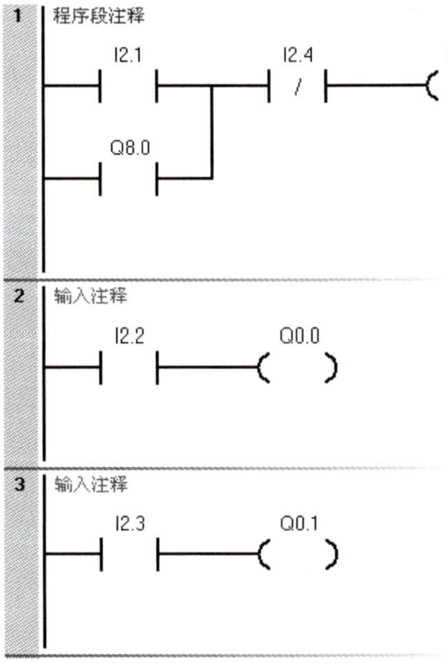

图 4.2.4　控制程序

（3）电气控制原理图（略）

（4）将程序写入 PLC 中。

（5）调试，运行。

三、拓展与训练

（一）料槽物料检测计数控制系统 1

1. 任务要求

当入料口检测到物料时，变频器驱动电动机并带动皮带开始物料运输，当电感式传感器检测到金属物料时，推料气缸将金属物料推至 1 号料槽；当光传感器检测到金属物料时，导料气缸将金属物料推至 2 号料槽；3 个料槽计数 12，归零并重新开始计数，如此反复。任意物料进入料槽皮带运输停止。

2. 任务内容

（1）PLC 输入、输出分配表见表 4.2.5。

表 4.2.5　PLC 输入、输出分配表

输入			输出		
名称	输入点	功能	名称	输出点	功能
光电传感器	I2.1	入料口检测	变频器	Q8.0	驱动电动机带动皮带
光电传感器	I2.2	分拣槽检测	推料气缸	Q0.0	推出金属物料
电感式传感器	I2.3	1 号料槽检测	导料气缸	Q0.1	推出白色物料
光传感器	I2.4	2 号料槽检测			

（2）控制程序如图 4.2.5 所示。

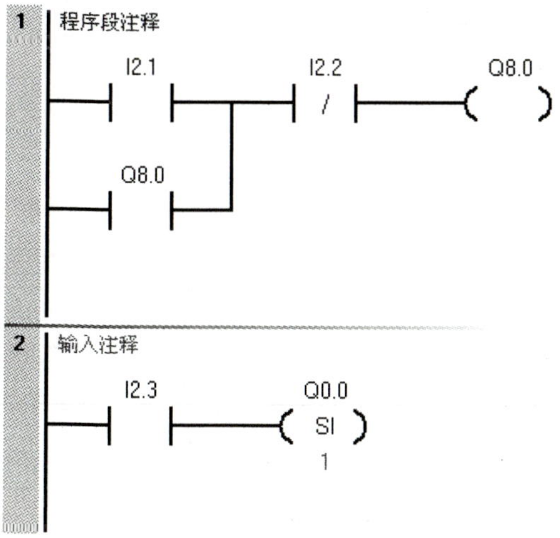

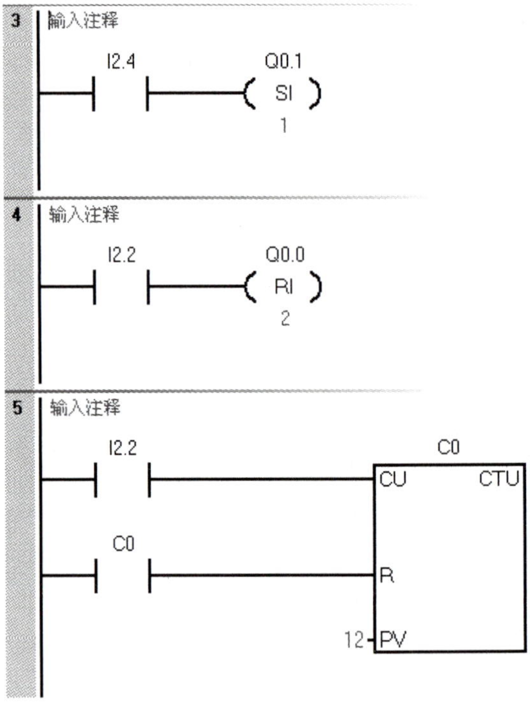

图 4.2.5　控制程序

（3）电气控制原理图（略）。

（4）将程序写入 PLC 中。

（5）调试、运行。

（二）料槽物料检测计数控制系统 2

1. 任务要求

当入料口检测到物料时，变频器驱动电动机并带动皮带开始物料运输，当电金属物料经过 1 号料槽时，按下 SB3 将金属物料推至 1 号料槽；当白色物料经过 2 号料槽时，按下 SB4 将白色物料推至 2 号料槽；3 个料槽计数 12，归零并重新开始计数，如此反复。任意物料进入料槽皮带运输停止。

2. 任务内容

（1）PLC 输入、输出分配表见表 4.2.6。

表 4.2.6　PLC 输入、输出分配表

输入			输出		
名称	输入点	功能	名称	输出点	功能
光电传感器	I2.1	入料口检测	变频器	Q8.0	驱动电动机带动皮带
按钮 SB3	I2.2	1 号料槽分拣控制	推料气缸	Q0.0	推出金属物料

续表

输入			输出		
名称	输入点	功能	名称	输出点	功能
按钮 SB4	I2.3	2 号料槽分拣控制	导料气缸	Q0.1	推出白色物料
按钮 SB5	I2.4	停止控制			
传感器	I2.5	分拣检测			

（2）控制程序如图 4.2.6 所示。

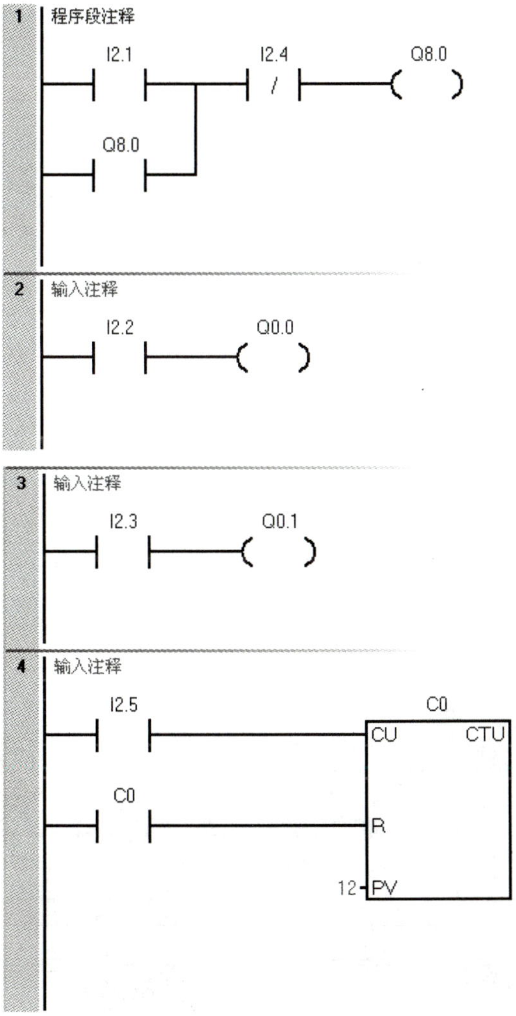

图 4.2.6　控制程序

（3）电气控制原理图（略）。

（4）将程序写入 PLC 中。

（5）调试，运行。

任务三　皮带输送与物料分拣自动 PLC 程序设计

任务目的

（1）了解皮带输送与物料分拣的机构组成。

（2）了解皮带输送与物料分拣的基本参数。

（3）掌握皮带输送与物料分拣自动控制系统。

任务导入

皮带输送与物料分拣自动控制系统主要由输送与分拣两部分组成。其中皮带输送控制系统主要是完成其物料的输送任务；而物料分拣是按照任务要求在输送带过程中，通过机器和计算机控制进行分类的一种技术。自动分拣系统主要由传送带、扫描设备、分拣器、控制系统等设备组成，可以将物料快速地、准确地分拣到指定的位置并进行分类和打包。

一、知识准备

（一）主要组成与功能

该系统主要由皮带输送线、分拣料槽、单杆气缸、旋转气缸、三相异步电动机、磁性传感器、光电传感器、电感传感器、光纤传感器及电磁阀等组成，如图 4.3.1 所示。它主要通过传感器检测完成物料的分拣任务。

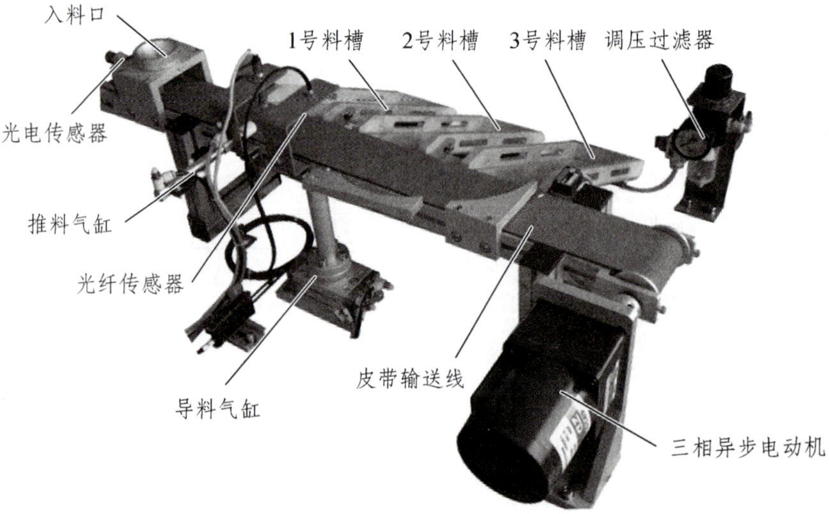

图 4.3.1　主要组成

光电传感器：当有物料放入时，给 PLC 一个输入信号（接线注意棕色接“+”，蓝色接“-”，黑色接输出）。

入料口：物料入料位置定位。

电感式传感器：检测金属材料，检测距离为 2~5 mm（接线注意棕色接“+”，蓝色接“-”，黑色接输出）。

光纤传感器：用于检测非金属的白色物料，检测距离为 3~8 mm，通过传感器放大器的电位器可调（接线注意棕色接“+”，蓝色接“-”，黑色接输出）。

1 号料槽：对物料进行分拣时用于放置金属物料。

2 号料槽：对白色尼龙和黑色尼龙进行分拣时用于放置白色尼龙。

3 号料槽：对白色尼龙和黑色尼龙进行分拣时用于放置黑色尼龙。

推料气缸：将物料推入料槽，由单向电控气阀控制。

导料气缸：在检测到有白色物料时，将导料块旋转到相应的位置。

皮带输送线：由三相交流异步电动机拖动，将物料输送到相应的位置。

三相异步电动机：驱动传送带转动，由变频器控制。

（二）主要技术指标

控制电源：直流 24 V/6 A。

三相异步电动机：41K25W AC 380 V，25 W，输出轴转速 130 r/min。

电磁阀：4V110-06。

调速阀：出气节流式。

磁性开关：D-C73。

气缸：CDJ2B10-60-B、MSQB10A。

光电传感器：SB03-1K、WS/WE100-N1439。

电感传感器：LE4-1K。

光纤传感器：E3X-NA11、E32-DC200。

电容传感器：CLG5-1K。

调压过滤器：AFR-2000M（配有压力表 0 ~ 1 MPa）。

二、任务实施

（一）任务要求

当入料口检测到物料时，变频器驱动电动机并带动皮带开始物料运输，当电感式传感器检测到金属物料时，推料气缸将金属物料推至 1 号料槽；当光纤传感器检测到白色物料时，推料气缸将白色物料推至 2 号料槽，其他物料落入 3 号料槽；任意物料进入任意料槽，皮带运输停止。

（二）任务内容

（1）PLC 输入、输出分配表见表 4.3.1。

表 4.3.1　PLC 输入、输出分配表

输入			输出		
名称	输入点	功能	名称	输出点	功能
光电传感器	I2.1	入料口检测	变频器	Q8.0	驱动电动机带动皮带
光电传感器	I2.2	分拣槽检测	推料气缸	Q0.0	推出金属物料
电感式传感器	I2.3	1 号料槽检测	导料气缸	Q0.1	推出白色物料
光传感器	I2.4	2 号料槽检测			
传感器	I2.5	推料缩回			
传感器	I2.6	推料伸出			
传感器	I2.7	导料原位			
传感器	I2.0	导料转出			

（2）控制程序如图 4.3.2 所示。

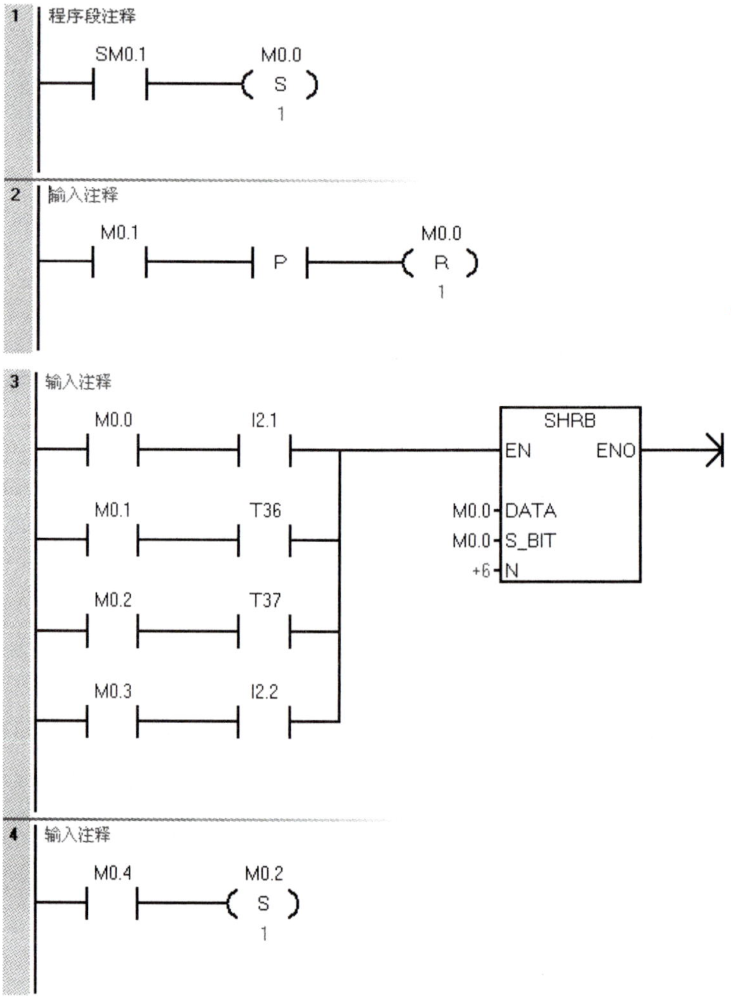

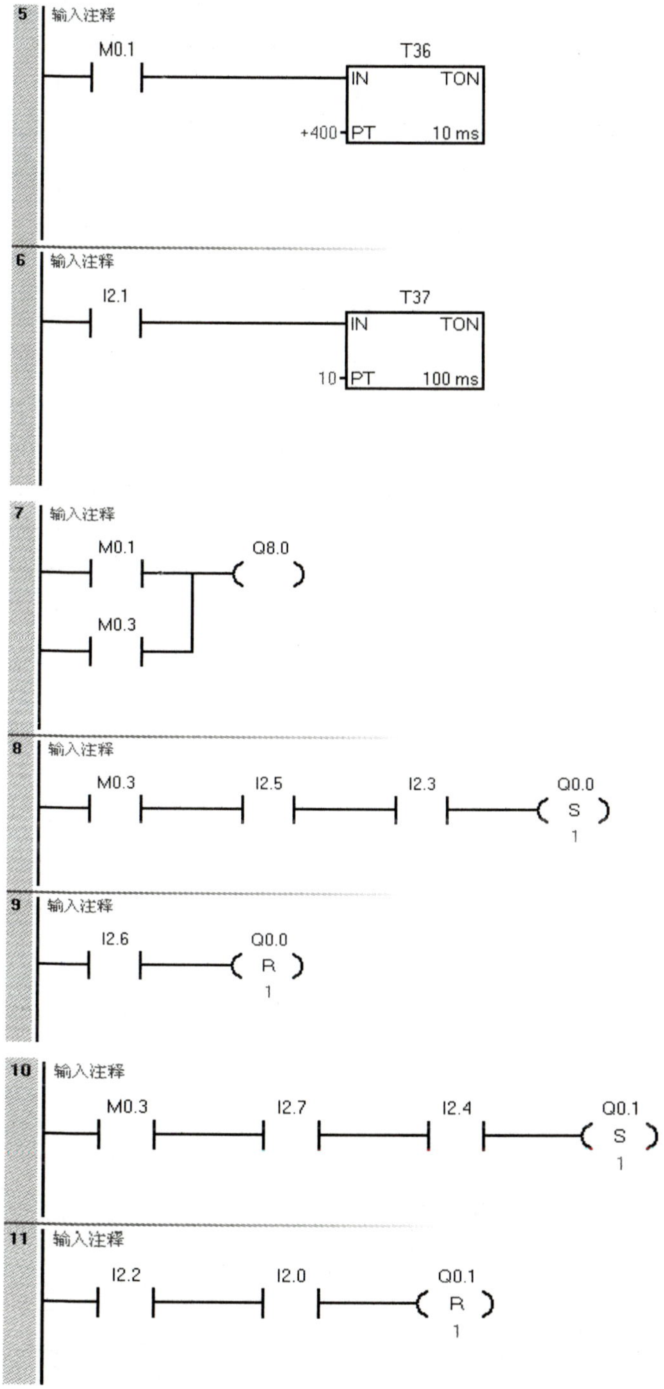

图 4.3.2　控制程序

（3）电气控制原理图（略）

（4）将程序写入 PLC 中。

（5）调试，运行。

项目五　光机电一体化设备 PLC 程序设计

光机电一体化装置控制系统由铝合金导轨式实训台、典型的机电一体化设备的机械部件、PLC 模块、变频器模块、按钮模块、电源模块、步进电机、触摸屏、接线端子排和各种传感器、计算机等组成。整体结构采用开放式和拆装式，实训装置用于机械部件组装、电气线路装调、PLC 程序编写与调试、气压传动搭建与调试等任务。整个实训装置能够灵活地按教学、竞赛和培训要求组装具有生产功能的机电一体化设备。模块采用标准结构和抽屉式模块放置架，互换性强；实训设备符合电工电子全国职业技能大赛需求，同时还具有可拓展功能，可以组成更加大型的生产模拟系统，从而实现不同层次、不同专业的学员的学习需求。

任务一　光机电一体化培训设备手动 PLC 程序设计

任务目的

（1）掌握单控电磁阀的控制方式。

（2）掌握光电传感器的使用方法。

（3）熟悉单气缸手动调试方法。

任务导入

光机电一体化培训装置手动控制系统主要是实现手动调试井式上料机构、机械手搬运机构、物料传输与分拣机构。其目的是检测机械位置是否安装到位、传感器检测是否到位、机械手抓取与放置位置是否到位、物料分拣是否到位、气动控制系统是否工作正常。

任务实施

1. 任务要求

停止状态下，警示红灯亮，当按下起动按钮，警示绿灯亮，系统准备运行；当井式上料机构内有物料时，按下手动推料气缸，将物料推至工作台；按下机械手正转控制，将机械手调整至对应角度，手动控制机械手臂伸出，再按手动控制机械手爪下降并手动控制夹紧物料，按下机械手反转至入料口对应位置，手动伸出手臂、下降并松开物料，皮带运输开始运转，按照物料的种类进行分类并停止。

2. 程序设计

（1）PLC 输入、输出分配表见表 5.1.1。

表 5.1.1　PLC 输入、输出分配表

输入			输出		
名称	输入点	功能	名称	输出点	功能
按钮 SB1	I0.0	数据传送	步进电机	Q0.0	驱动器 PUL+
按钮 SB2	I0.1	机械手正转		Q0.1	驱动器 DIR+
按钮 SB3	I0.2	机械手反转		Q0.2	驱动器 ENA+
按钮 SB4	I0.3	入料检测	警示灯	Q0.3	警示绿灯
按钮 SB5	I0.4	皮带运输停止	警示灯	Q0.4	警示红灯
按钮 SB6	I0.5	起动控制			
传感器	I0.6	停止控制			

（2）控制程序如图 5.1.1 所示。

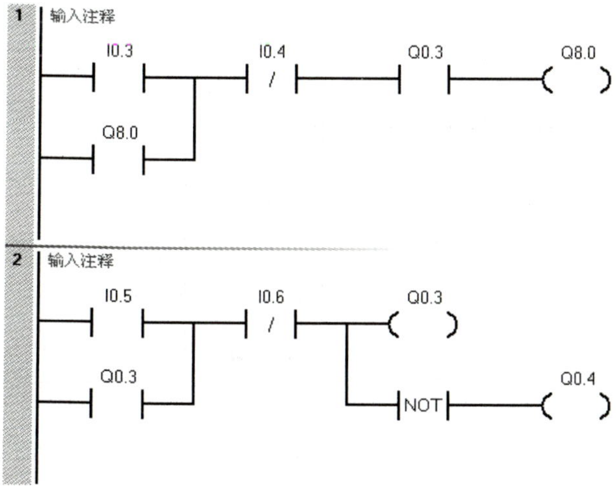

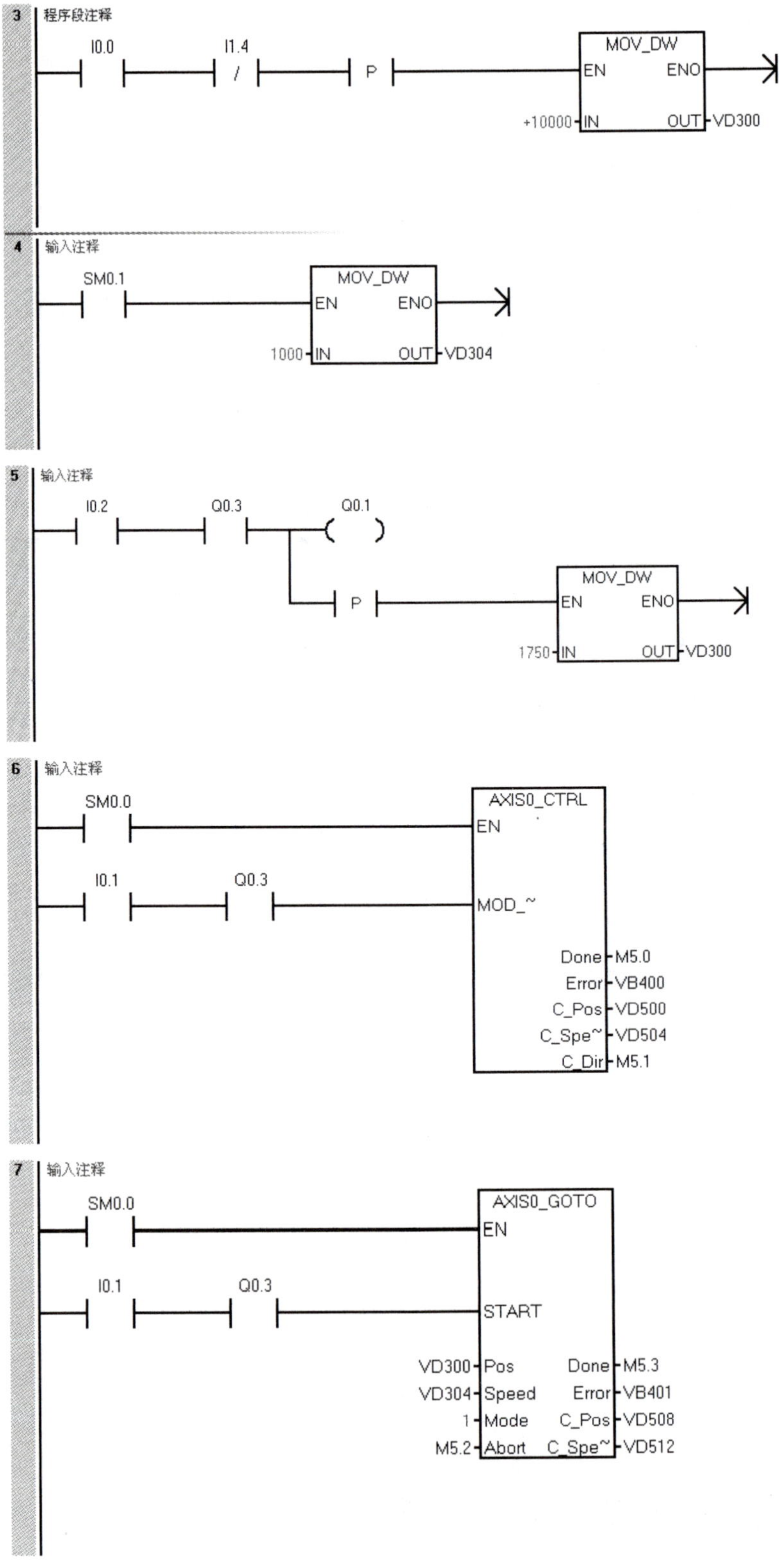
3
程序段注释
I0.0
I1.4
P
MOV_DW
EN
ENO
+10000
IN
OUT
VD300
4
输入注释
SM0.1
MOV_DW
EN
ENO
1000
IN
OUT
VD304
5
输入注释
I0.2
Q0.3
Q0.1
P
MOV_DW
EN
ENO
1750
IN
OUT
VD300
6
输入注释
SM0.0
AXIS0_CTRL
EN
I0.1
Q0.3
MOD_~
Done
M5.0
Error
VB400
C_Pos
VD500
C_Spe~
VD504
C_Dir
M5.1
7
输入注释
SM0.0
AXIS0_GOTO
EN
I0.1
Q0.3
START
VD300
Pos
Done
M5.3
VD304
Speed
Error
VB401
1
Mode
C_Pos
VD508
M5.2
Abort
C_Spe~
VD512

图 5.1.1　控制程序

任务二　光机电一体化培训设备自动 PLC 程序设计

任务目的

（1）掌握 PLC 控制方式。
（2）掌握变频器的使用方法。
（3）熟练起动控制调试方法。
（4）熟练光机电一体化培训设备自动控制系统的工作流程。

任务导入

光机电一体化培训装置自动控制系统主要是完成系统的全自动控制过程，通过完成机械部件装调、电气线路装调、气动回路装调、电气部件装调、变频器参数设置、PLC 程序编写等实现光机电一体化培训装置自动控制系统。

任务实施

一、任务要求

（一）上料机构

在复位完成后，点动“起动”按钮，料筒光电传感器检测到有工件时，推料气缸将工件推出至存放料台，若 3 s 后料筒检测光电传感器仍未检测到工件，则说明料筒内无物料，这时警示黄灯闪烁，放入物料后熄灭；机械手将工件取走后，推料气缸缩回，工件下落，气缸重复上一次动作。

（二）搬运机械手机构

当存放料套检测光电传感器检测物料到位后，机械手手臂前伸，手臂伸出限位传感器检测到位后，延时 0.5 s 手爪气缸下降；手爪下降限位传感器检测到位后，延时 0.5 s 气动手爪抓取物料；手爪夹紧限位传感器检测到夹紧信号后，延时 0.5 s 手爪气缸上升；手爪提升限位传感器检测到位后，手臂气缸缩回；手臂缩回限位传感器检测到位后，手臂向右旋转；手臂旋转完成一定角度后，手臂前伸；手臂伸出限位传感器检测到位后，手爪气缸下降；手爪下降限位传感器检测到位后，延时 0.5 s 气动手爪放开物料，手爪气缸上升；手爪提升限位传感器检测到位后，手臂气缸缩回；手臂缩回限位传感器检测到位后，手臂向左旋转。等待下一个物料到位，重复上面的动作，在分拣气缸完成分拣后，再将物料放入输送线上。

（三）成品分拣机构

当入料口光电传感器检测到物料时，变频器接收起动信号，三相交流异步电机以30 Hz的频率正转运行，皮带开始输送工件。当1号料槽到位检测传感器检测到金属物料时，推料一气缸动作，将金属物料推入1号料槽，料槽检测传感器检测到有工件经过时，电动机停止；当2号料槽检测传感器检测到白色物料时，旋转气缸动作，将白色物料导入2号料槽，料槽检测传感器检测到有工件经过时，旋转气缸转回原位，同时电动机停止；当物料为黑色物料直接导入3号料槽，料槽检测传感器检测到有工件经过时，电动机停止。

（四）起动、停止、复位与警示

系统上电后，点动“复位”按钮后系统自动复位，将存放料台皮带上工件清空，点动“起动”按钮，警示绿灯亮，缺料警示黄灯闪烁；放入工件后设备开始运行，不得人为干预执行机构，以免影响设备正常运行。

按“停止”按钮，所有部件停止工作，警示红灯亮，缺料警示黄闪烁。

（五）突然断电的处理

突然断电，设备停止工作。电源恢复后，点动“复位”按钮，再点动“起动”按钮。

二、任务内容

（1）PLC输入、输出分配表见表5.2.1。

表5.2.1　PLC输入、输出分配表

输入			输出		
序号	PLC地址	名称及功能说明	序号	PLC地址	名称及功能说明
1	I0.0	起动按钮	1	Q0.0	步进电机驱动器PUL+
2	I0.1	停止按钮	2	Q0.1	步进电机驱动器DIR+
3	I0.2	复位按钮	3	Q0.2	步进电机驱动器ENA+
4	I0.3	物料检测光电传感器	4	Q0.3	物料推出
5	I0.4	物料推出检测光电传感器	5	Q0.4	手臂伸出
6	I0.5	推料伸出限位传感器	6	Q0.5	气爪下降
7	I0.6	推料缩回限位传感器	7	Q0.6	手爪夹紧
8	I0.7	手臂伸出限位传感器	8	Q0.7	手爪松开
9	I1.0	手臂缩回限位传感器	9	Q1.0	推料气缸
10	I1.1	手爪下降限位传感器	10	Q1.1	导料气缸
11	I1.2	手爪提升限位传感器	11	Q1.2	警示红灯

续表

输入			输出		
序号	PLC 地址	名称及功能说明	序号	PLC 地址	名称及功能说明
12	I1.3	手爪夹紧限位传感器	12	Q1.3	警示绿灯
13	I1.4	机械手基准传感器	13	Q1.4	警示黄灯
14	I1.5	推料一伸出限位传感器	14	Q2.0	变频器 DIN1
15	I1.6	推料一缩回限位传感器			
16	I1.7	导料转出限位传感器			
17	I2.0	导料原位限位传感器			
18	I2.1	入料检测光电传感器			
19	I2.2	1 号料槽检测传感器			
20	I2.3	2 号料槽检测传感器			
21	I2.4	分拣槽检测光电传感器			

（2）控制程序如图 5.2.1 所示。

（3）端子接线图如图 5.2.2 所示。

（4）PLC 电气控制原理图如图 5.2.3 所示。

（5）将程序写入 PLC 中。

（6）调试，运行。

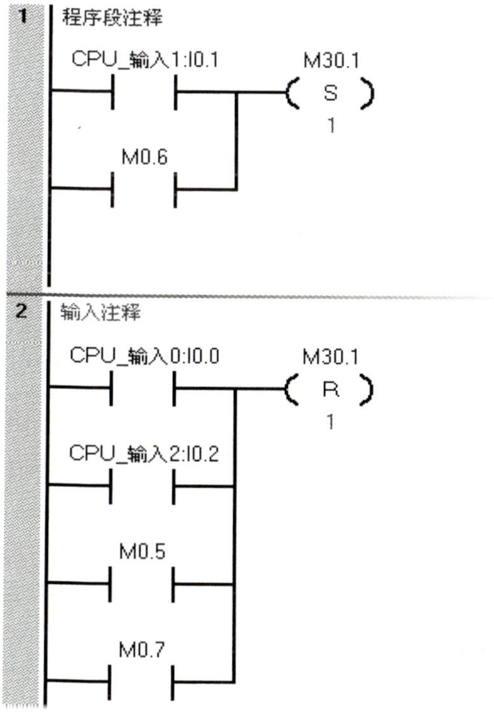

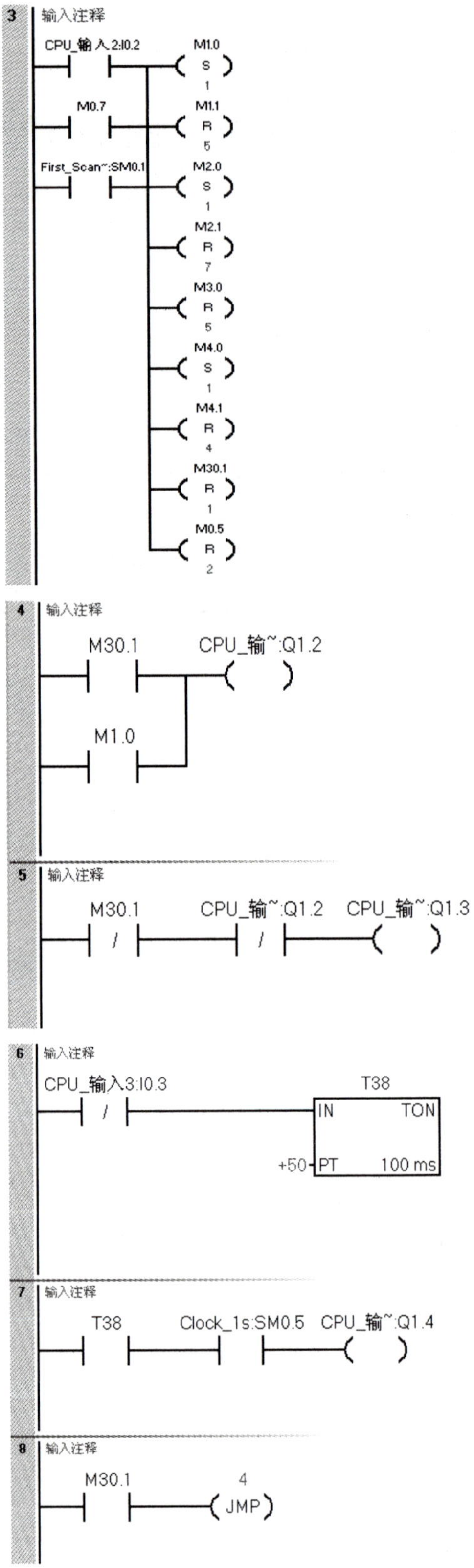
3
输入注释
CPU_输入2:I0.2
M1.0
S
1
M0.7
M1.1
R
5
First_Scan~:SM0.1
M2.0
S
1
M2.1
R
7
M3.0
R
5
M4.0
S
1
M4.1
R
4
M30.1
R
1
M0.5
R
2
4
输入注释
M30.1
CPU_输~:Q1.2
M1.0
5
输入注释
M30.1
CPU_输~:Q1.2
CPU_输~:Q1.3
6
输入注释
CPU_输入3:I0.3
T38
IN
TON
+50
PT
100 ms
7
输入注释
T38
Clock_1s:SM0.5
CPU_输~:Q1.4
8
输入注释
M30.1
4
JMP

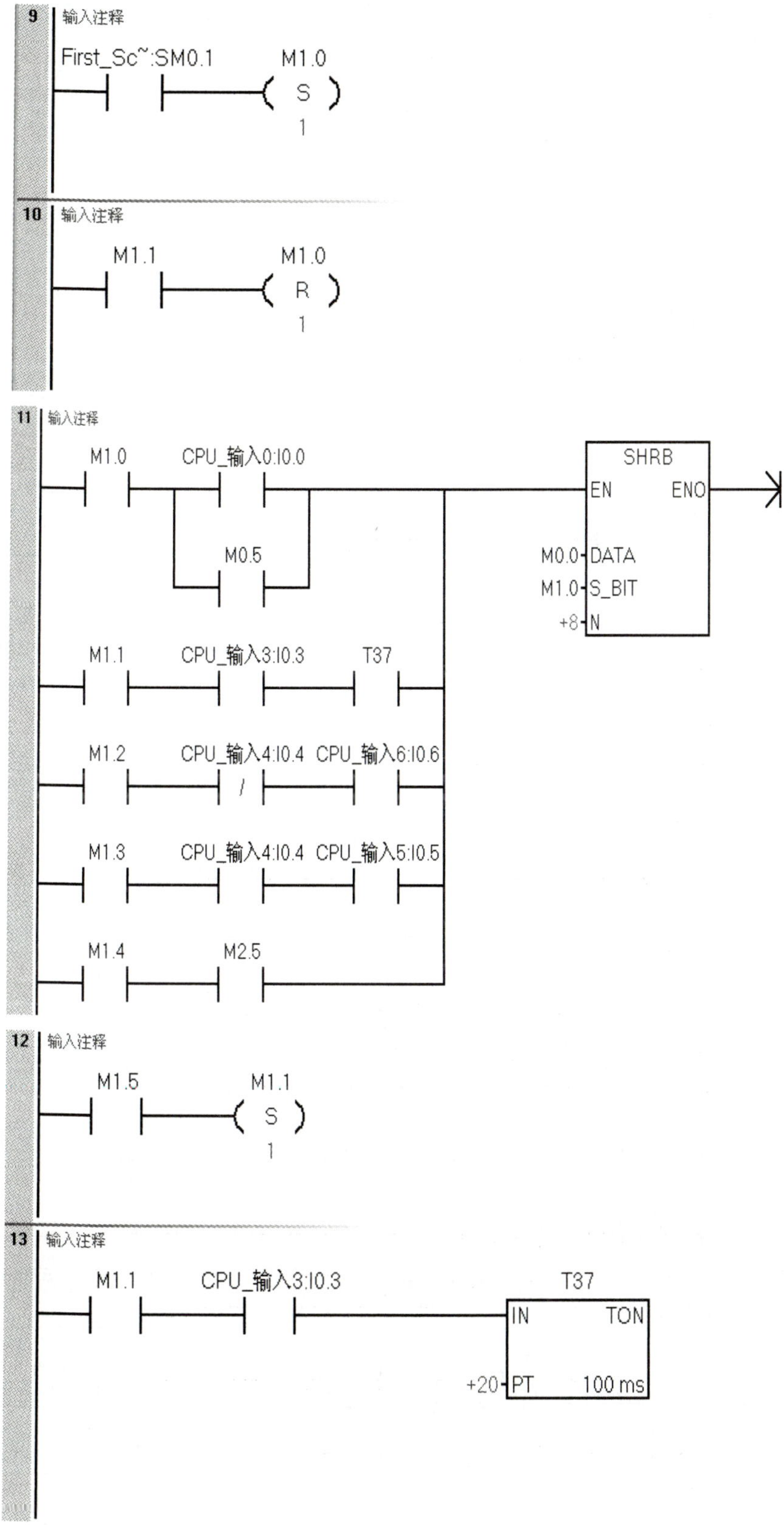
9
输入注释
First_Sc~:SM0.1
M1.0
S
1
10
输入注释
M1.1
M1.0
R
1
11
输入注释
M1.0
CPU_输入0:I0.0
M0.5
SHRB
EN
ENO
M0.0
DATA
M1.0
S_BIT
+8
N
M1.1
CPU_输入3:I0.3
T37
M1.2
CPU_输入4:I0.4
CPU_输入6:I0.6
M1.3
CPU_输入4:I0.4
CPU_输入5:I0.5
M1.4
M2.5
12
输入注释
M1.5
M1.1
S
1
13
输入注释
M1.1
CPU_输入3:I0.3
T37
IN
TON
+20
PT
100 ms

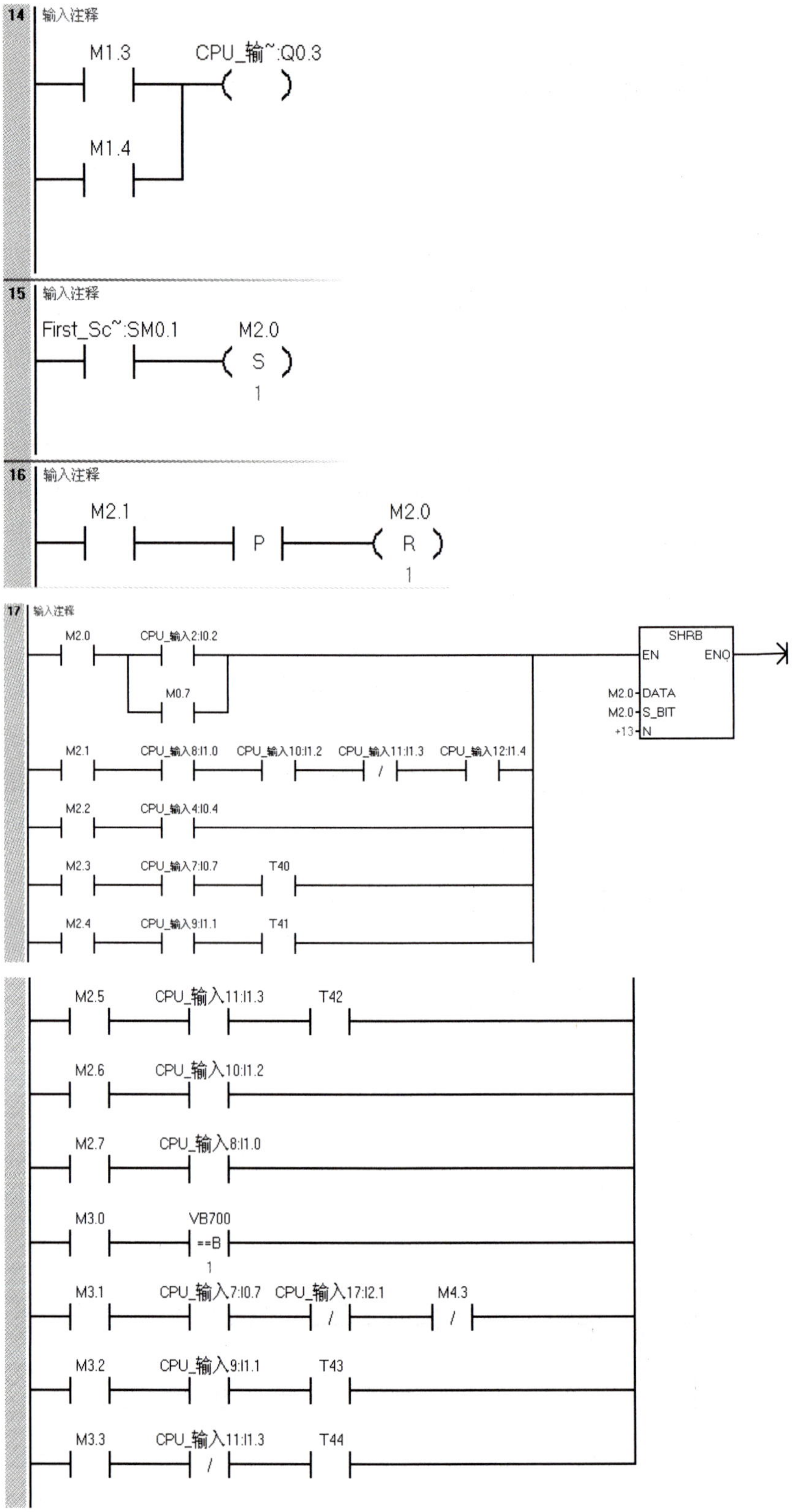
14
输入注释
M1.3
CPU_输~:Q0.3
M1.4
15
输入注释
First_Sc~:SM0.1
M2.0
S
1
16
输入注释
M2.1
P
M2.0
R
1
17
输入注释
M2.0
CPU_输入2:I0.2
M0.7
SHRB
EN
ENO
M2.0 DATA
M2.0 S_BIT
+13 N
M2.1
CPU_输入8:I1.0
CPU_输入10:I1.2
CPU_输入11:I1.3
CPU_输入12:I1.4
M2.2
CPU_输入4:I0.4
M2.3
CPU_输入7:I0.7
T40
M2.4
CPU_输入9:I1.1
T41
M2.5
CPU_输入11:I1.3
T42
M2.6
CPU_输入10:I1.2
M2.7
CPU_输入8:I1.0
M3.0
VB700
==B
1
M3.1
CPU_输入7:I0.7
CPU_输入17:I2.1
M4.3
M3.2
CPU_输入9:I1.1
T43
M3.3
CPU_输入11:I1.3
T44

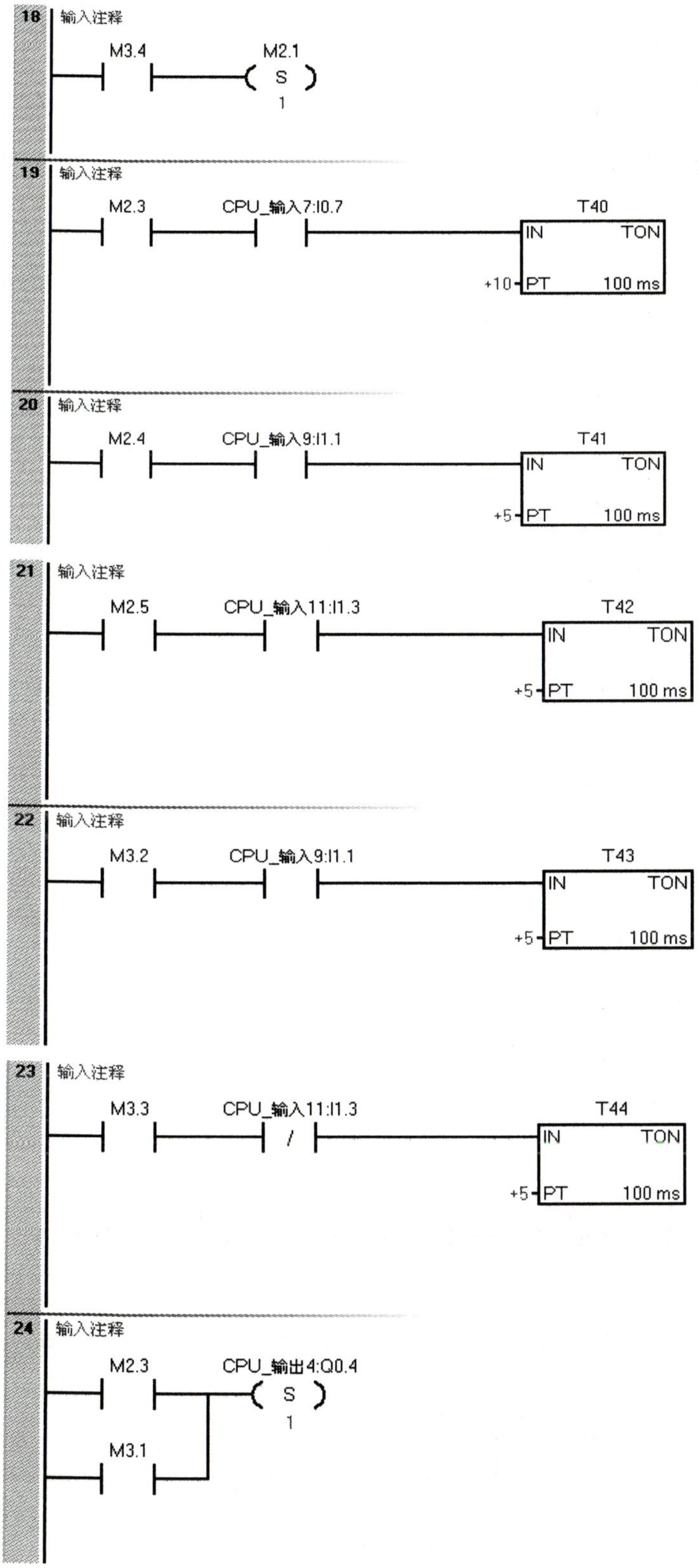
18
输入注释
M3.4
M2.1
S
1
19
输入注释
M2.3
CPU_输入7:I0.7
T40
IN
TON
+10
PT
100 ms
20
输入注释
M2.4
CPU_输入9:I1.1
T41
IN
TON
+5
PT
100 ms
21
输入注释
M2.5
CPU_输入11:I1.3
T42
IN
TON
+5
PT
100 ms
22
输入注释
M3.2
CPU_输入9:I1.1
T43
IN
TON
+5
PT
100 ms
23
输入注释
M3.3
CPU_输入11:I1.3
T44
IN
TON
+5
PT
100 ms
24
输入注释
M2.3
CPU_输出4:Q0.4
S
1
M3.1

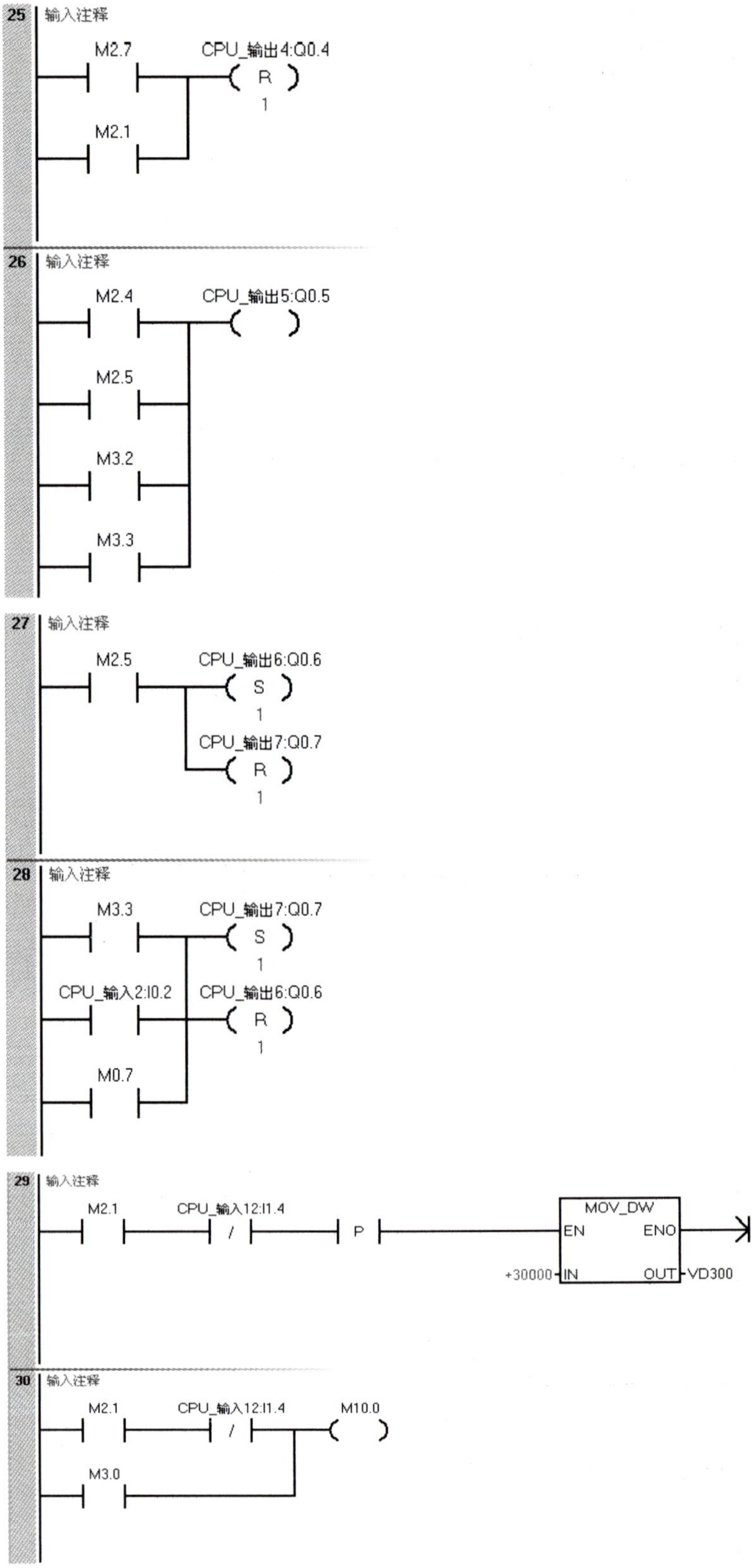

25 输入注释
M2.7
CPU_输出4:Q0.4
R
1
M2.1
26 输入注释
M2.4
CPU_输出5:Q0.5
M2.5
M3.2
M3.3
27 输入注释
M2.5
CPU_输出6:Q0.6
S
1
CPU_输出7:Q0.7
R
1
28 输入注释
M3.3
CPU_输出7:Q0.7
S
1
CPU_输入2:I0.2
CPU_输出6:Q0.6
R
1
M0.7
29 输入注释
M2.1
CPU_输入12:I1.4
/
P
MOV_DW
EN
ENO
+30000
IN
OUT
VD300
30 输入注释
M2.1
CPU_输入12:I1.4
/
M10.0
M3.0

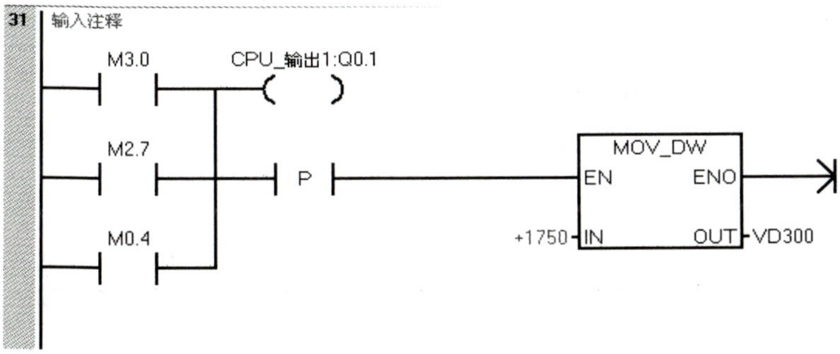
31
输入注释
M3.0
CPU_输出1:Q0.1
M2.7
P
MOV_DW
EN
ENO
+1750
IN
OUT
VD300
M0.4

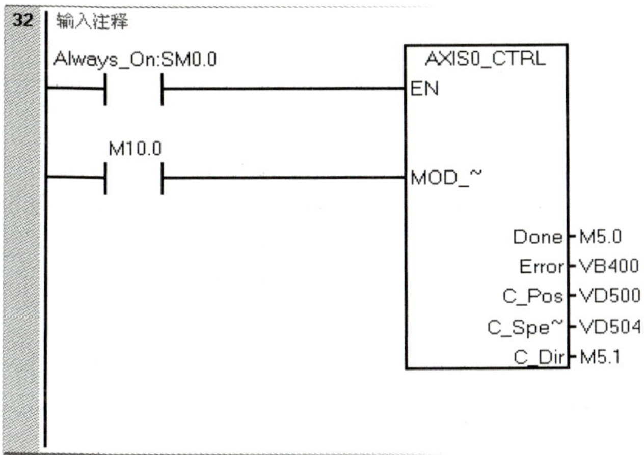
32
输入注释
Always_On:SM0.0
AXIS0_CTRL
EN
M10.0
MOD_~
Done
M5.0
Error
VB400
C_Pos
VD500
C_Spe~
VD504
C_Dir
M5.1

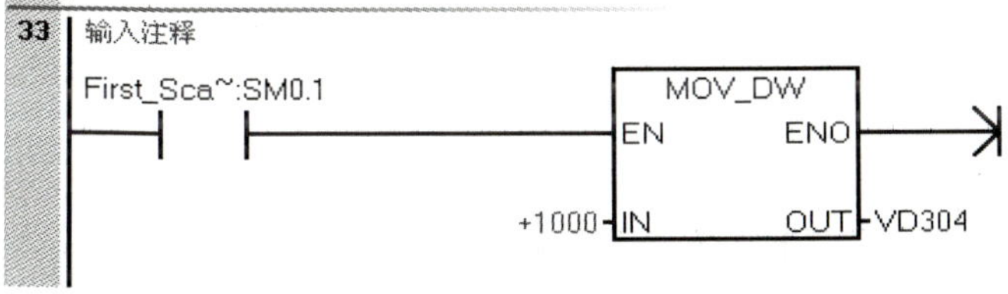
33
输入注释
First_Sca~:SM0.1
MOV_DW
EN
ENO
+1000
IN
OUT
VD304

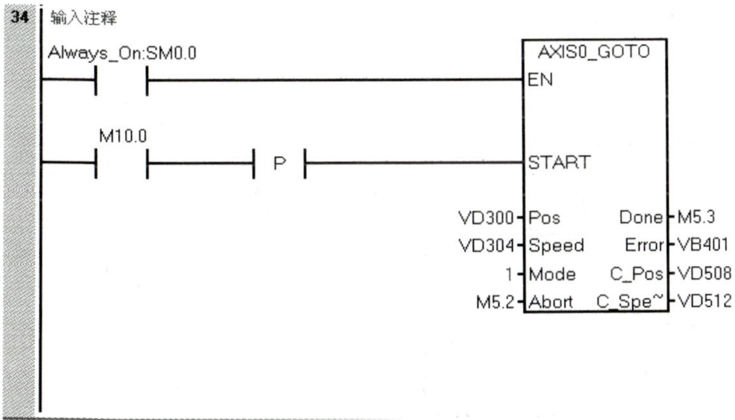
34
输入注释
Always_On:SM0.0
AXIS0_GOTO
EN
M10.0
P
START
VD300
Pos
Done
M5.3
VD304
Speed
Error
VB401
1
Mode
C_Pos
VD508
M5.2
Abort
C_Spe~
VD512

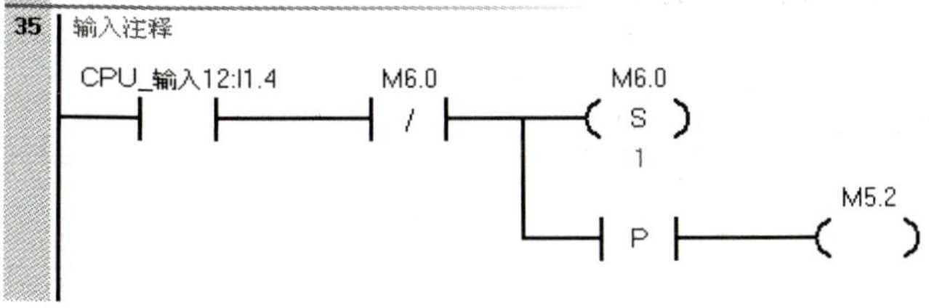
35
输入注释
CPU_输入12:I1.4
M6.0
/
M6.0
S
1
P
M5.2

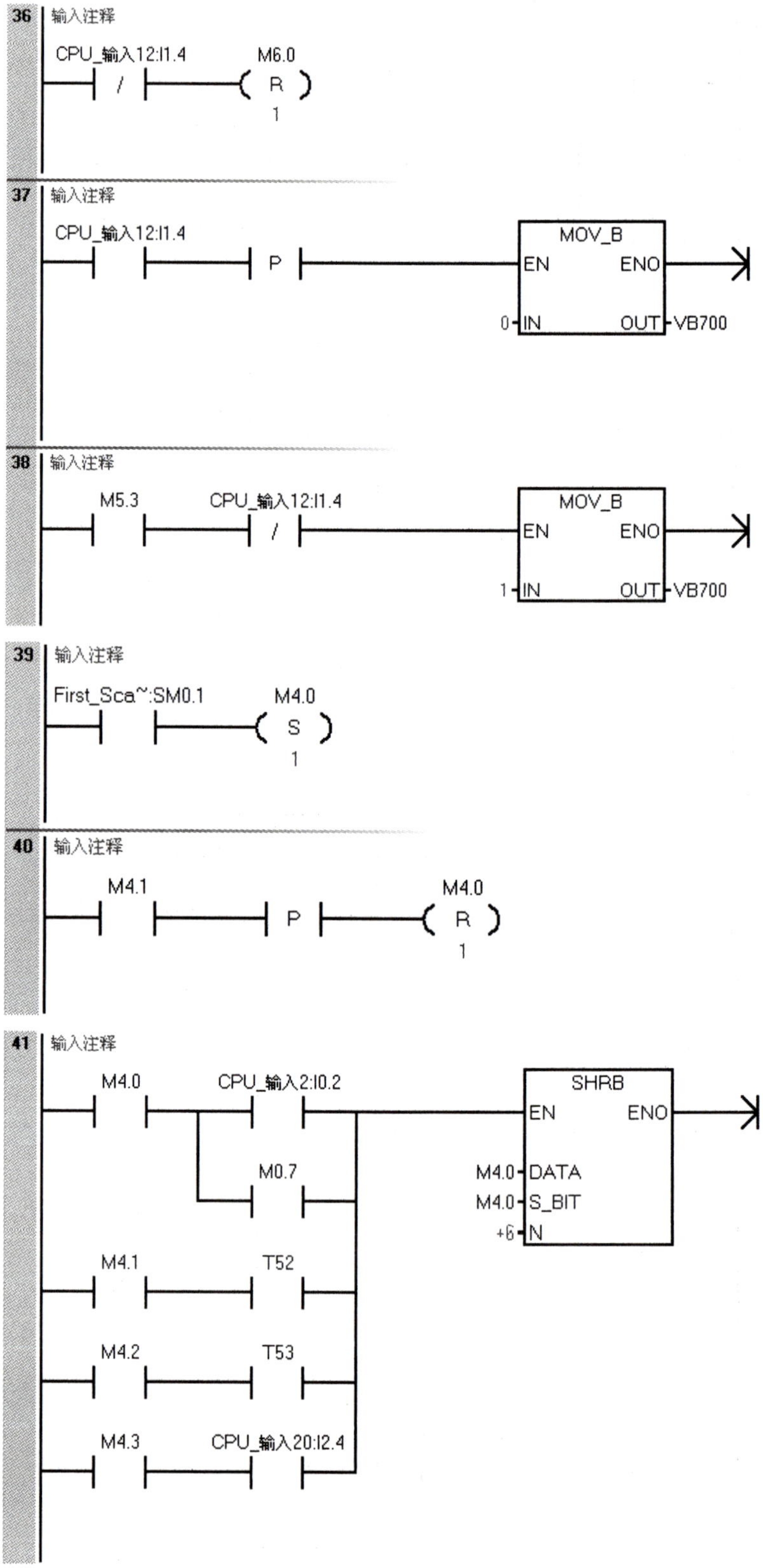
36
输入注释
CPU_输入12:I1.4
M6.0
/
R
1
37
输入注释
CPU_输入12:I1.4
P
MOV_B
EN
ENO
0
IN
OUT
VB700
38
输入注释
M5.3
CPU_输入12:I1.4
/
MOV_B
EN
ENO
1
IN
OUT
VB700
39
输入注释
First_Sca~:SM0.1
M4.0
S
1
40
输入注释
M4.1
P
M4.0
R
1
41
输入注释
M4.0
CPU_输入2:I0.2
M0.7
M4.1
T52
M4.2
T53
M4.3
CPU_输入20:I2.4
SHRB
EN
ENO
M4.0
DATA
M4.0
S_BIT
+6
N

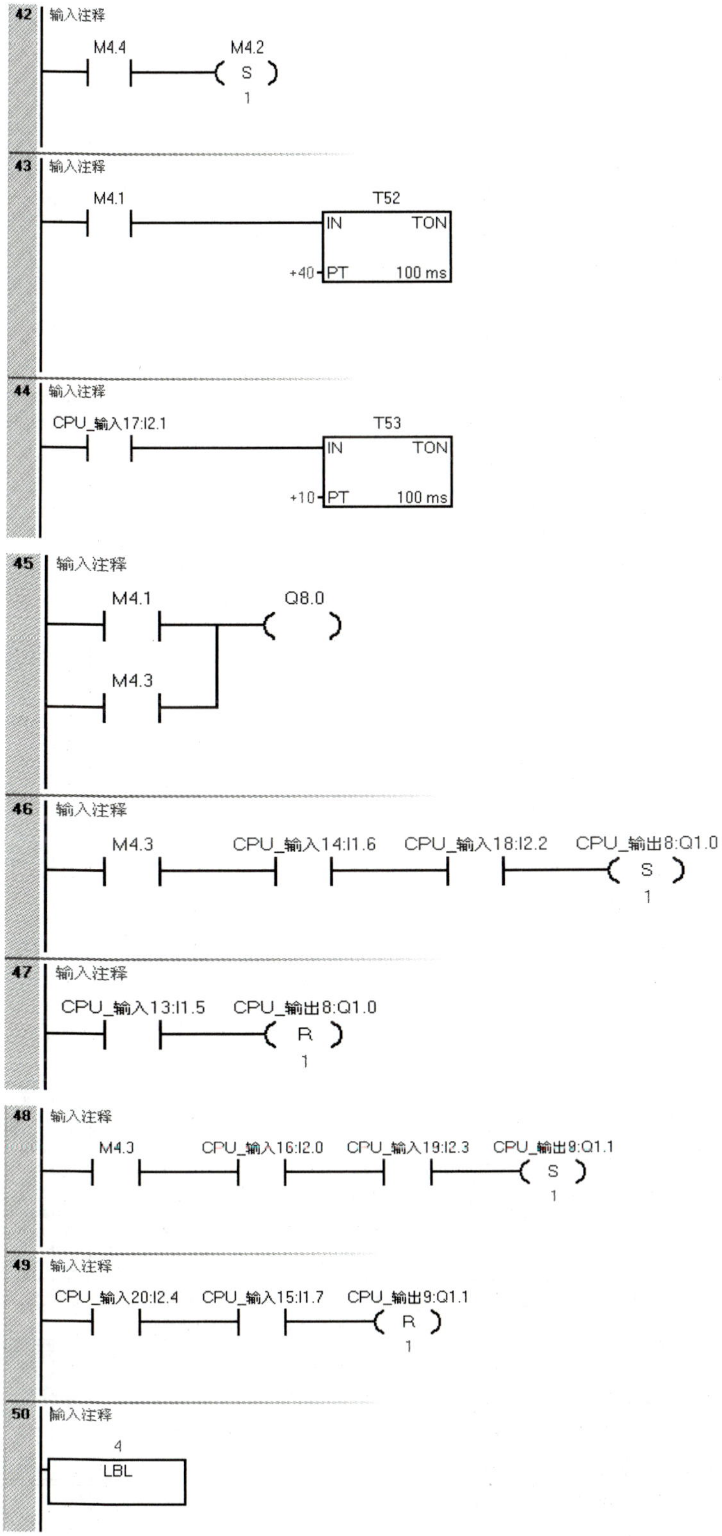
42
输入注释
M4.4
M4.2
S
1
43
输入注释
M4.1
T52
IN
TON
+40
PT
100 ms
44
输入注释
CPU_输入17:I2.1
T53
IN
TON
+10
PT
100 ms
45
输入注释
M4.1
Q8.0
M4.3
46
输入注释
M4.3
CPU_输入14:I1.6
CPU_输入18:I2.2
CPU_输出8:Q1.0
S
1
47
输入注释
CPU_输入13:I1.5
CPU_输出8:Q1.0
R
1
48
输入注释
M4.3
CPU_输入16:I2.0
CPU_输入19:I2.3
CPU_输出9:Q1.1
S
1
49
输入注释
CPU_输入20:I2.4
CPU_输入15:I1.7
CPU_输出9:Q1.1
R
1
50
输入注释
4
LBL

图 5.2.1　控制程序

端子	名称
1	物料检测光电传感器正
2	物料检测光电传感器负
3	物料检测光电传感器输出
4	物料推出检测传感器正
5	物料推出检测传感器负
6	物料推出检测传感器输出
7	推料伸出限位传感器正
8	推料伸出限位传感器负
9	推料缩回限位传感器正
10	推料缩回限位传感器负
11	手臂伸出限位传感器正
12	手臂伸出限位传感器负
13	手臂缩回限位传感器正
14	手臂缩回限位传感器负
15	手抓下降限位传感器正
16	手抓下降限位传感器负
17	手抓提升限位传感器正
18	手抓提升限位传感器负
19	手抓夹紧限位传感器正
20	手抓夹紧限位传感器负
21	机械手基准传感器正
22	机械手基准传感器负
23	机械手基准传感器输出
24	推料一伸出限位传感器正
25	推料一伸出限位传感器负
26	推料一缩回限位传感器正
27	推料一缩回出限位传感器负
28	导料转出限位传感器正
29	导料转出限位传感器负
30	导料原位限位传感器正
31	导料原位限位传感器负
32	入料检测光电传感器正
33	入料检测光电传感器负
34	入料检测光电传感器输出
35	1号料槽检测传感器正
36	1号料槽检测传感器负
37	1号料槽检测传感器输出
38	2号料槽检测传感器正
39	2号料槽检测传感器负
40	2号料槽检测传感器输出
41	分拣槽接收传感器正
42	分拣槽接收传感器负
43	分拣槽接受收感器输出
44	分拣槽发射传感器正

端子	名称
45	分拣槽发射传感器负
46	
47	
48	手臂旋转常闭限位点1
49	手臂旋转常闭限位点2
50	步进电机驱动器VCD
51	步进电机驱动器GND
52	步进电机驱动器PUL+
53	步进电机驱动器PUL−
54	步进电机驱动器DIR+
55	步进电机驱动器DIR−
56	步进电机驱动器ENA+
57	步进电机驱动器ENA−
58	物料推出电磁阀1
59	物料推出电磁阀2
60	手臂伸出电磁阀1
61	手臂伸出电磁阀2
62	手抓下降电池阀1
63	手抓下降电池阀2
64	手抓夹紧电池阀1
65	手抓夹紧电池阀2
66	手抓松开电池阀1
67	手抓松开电池阀2
68	推料气缸电磁阀1
69	推料气缸电磁阀2
70	导料气缸电磁阀1
71	导料气缸电磁阀2
72	警示红灯
73	警示绿灯
74	警示黄灯
75	警示灯公共端
76	
77	
78	
79	
80	
81	
82	
83	
84	
85	
86	
87	
88	

备注：1. 光电传感器引出线：棕色表示“+”接+24 V，蓝色表示“−”接0 V，黑色表示“输出”接PLC输入端。
2. 磁性传感器引出线：蓝色为−接0 V，棕色为“+”接PLC输入端。
3. 电磁阀引出线：“1”接“+”，“2”接“−”。

图 5.2.2　端子接线图

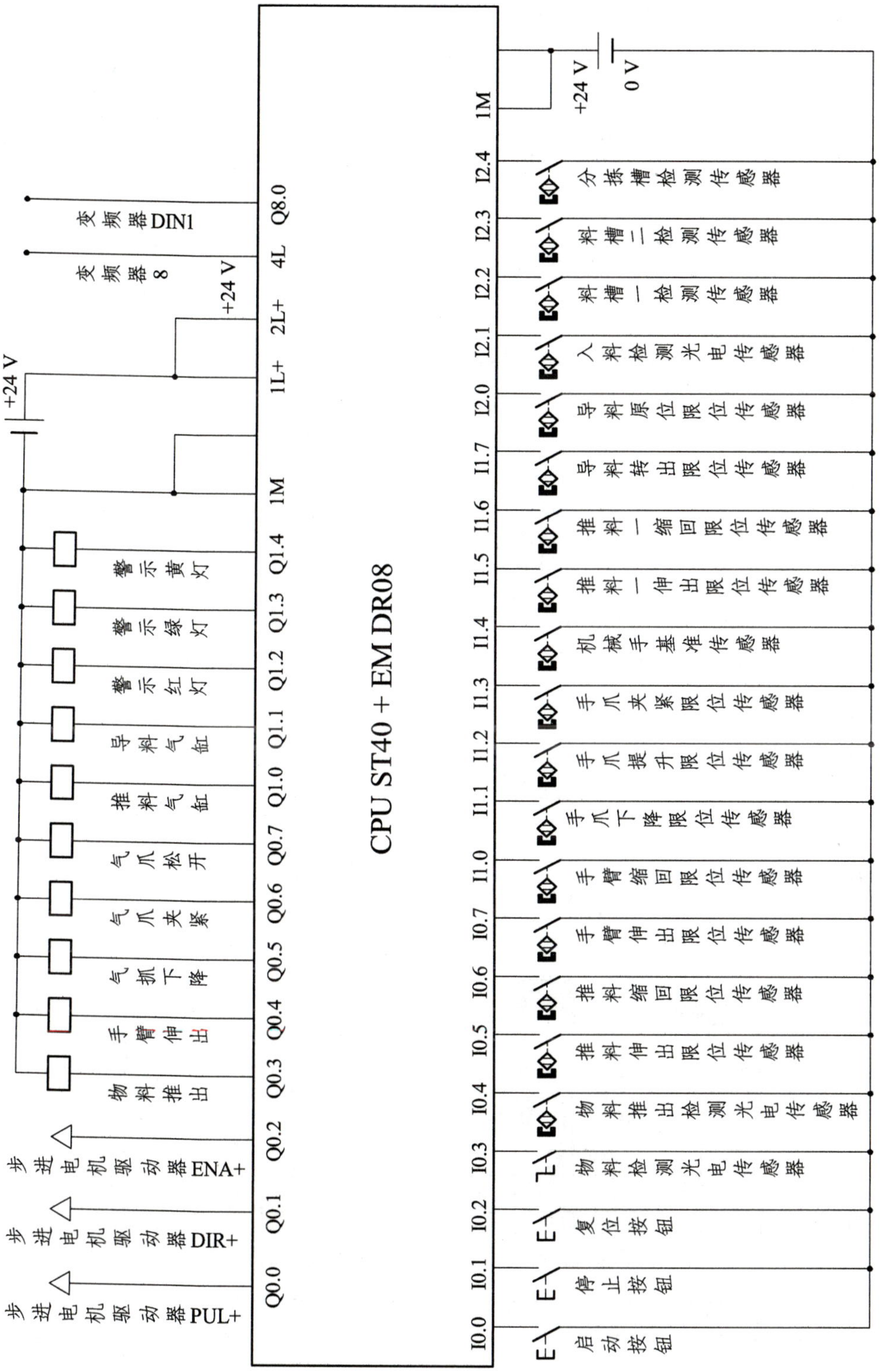

图 5.2.3 PLC 电气控制原理图

附录 A 光机电一体化设备总装图

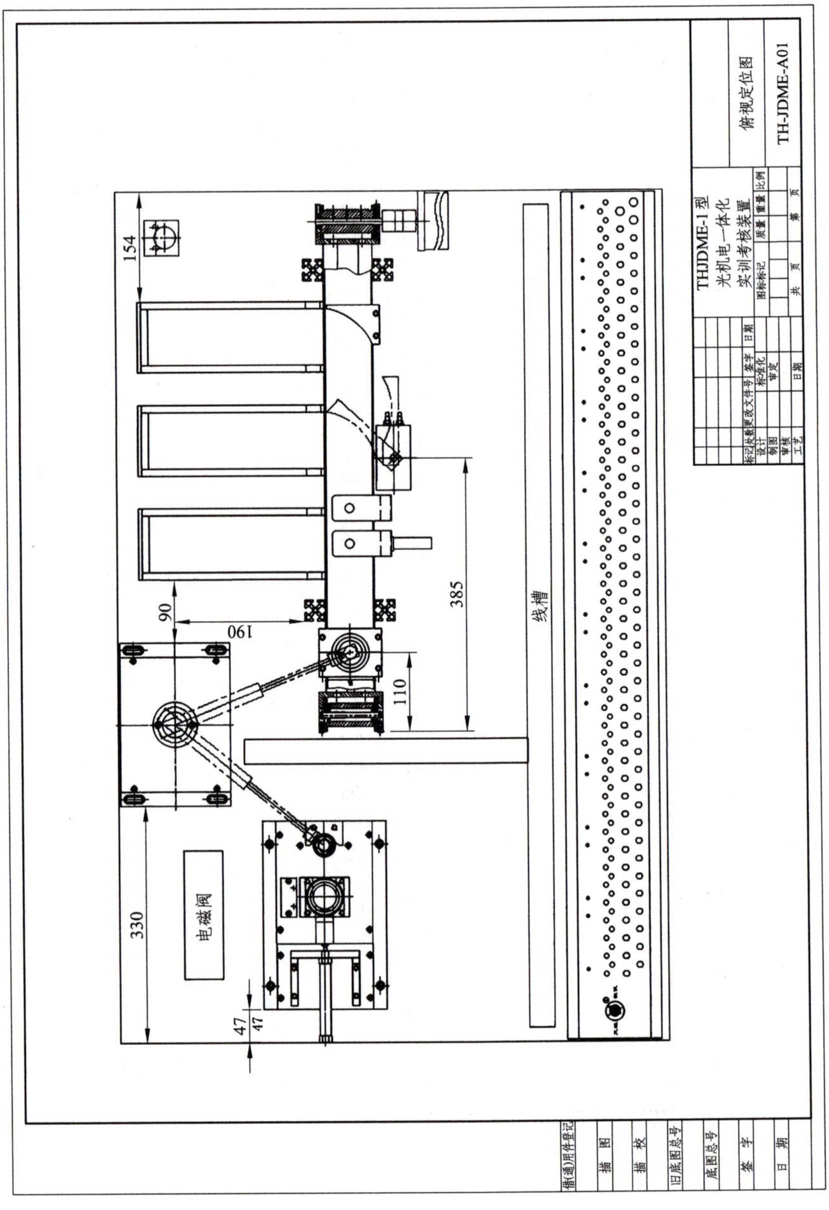

附图 A-1 俯视定位图

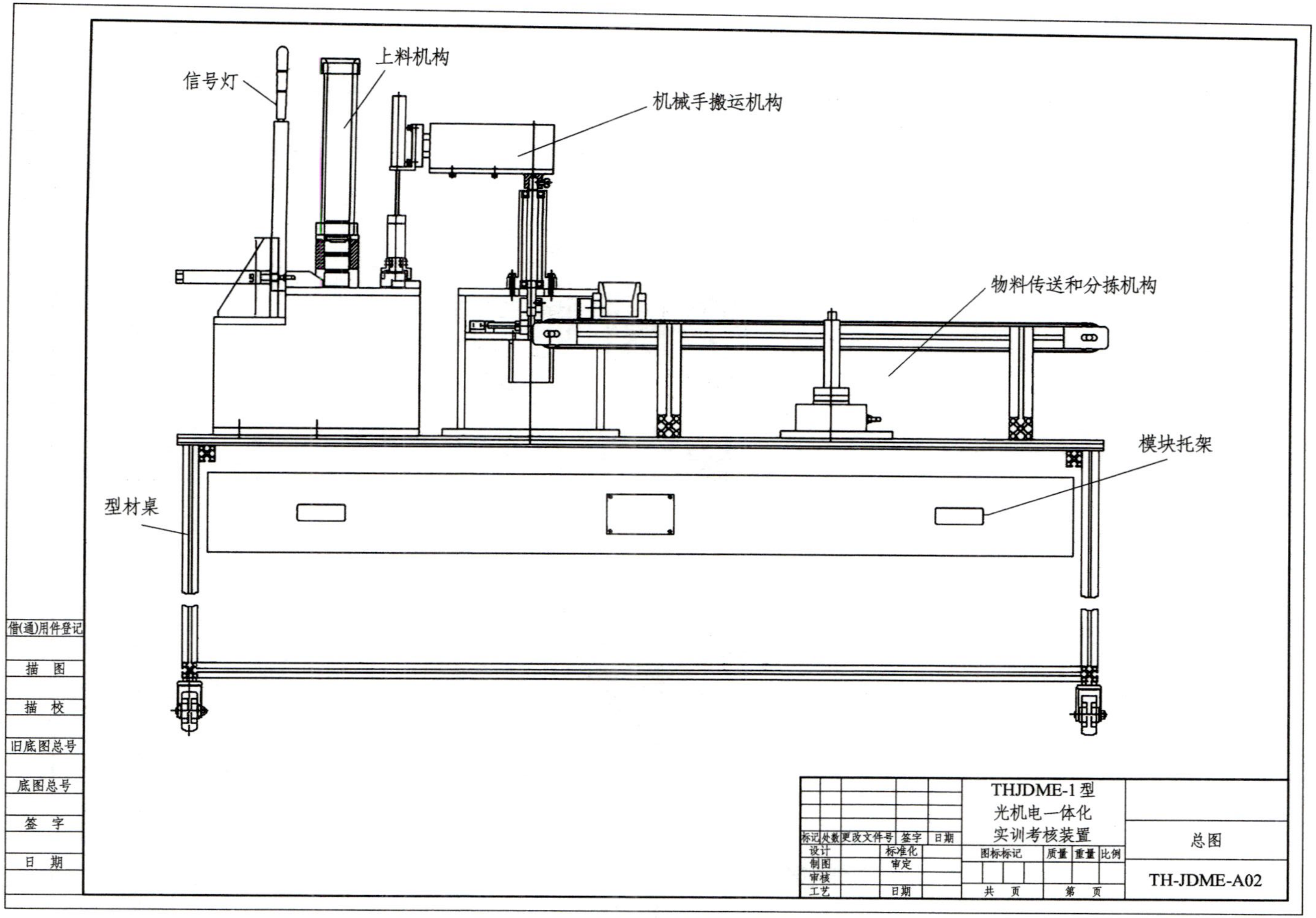
信号灯
上料机构
机械手搬运机构
物料传送和分拣机构
模块托架
型材桌
借(通)用件登记
描 图
描 校
旧底图总号
底图总号
签 字
日 期
标记
处数
更改文件号
签字
日期
设计
标准化
制图
审定
审核
工艺
日期
THJDME-1型
光机电一体化
实训考核装置
图标标记
质量
重量
比例
共 页
第 页
总图
TH-JDME-A02

附图 A-2 总图

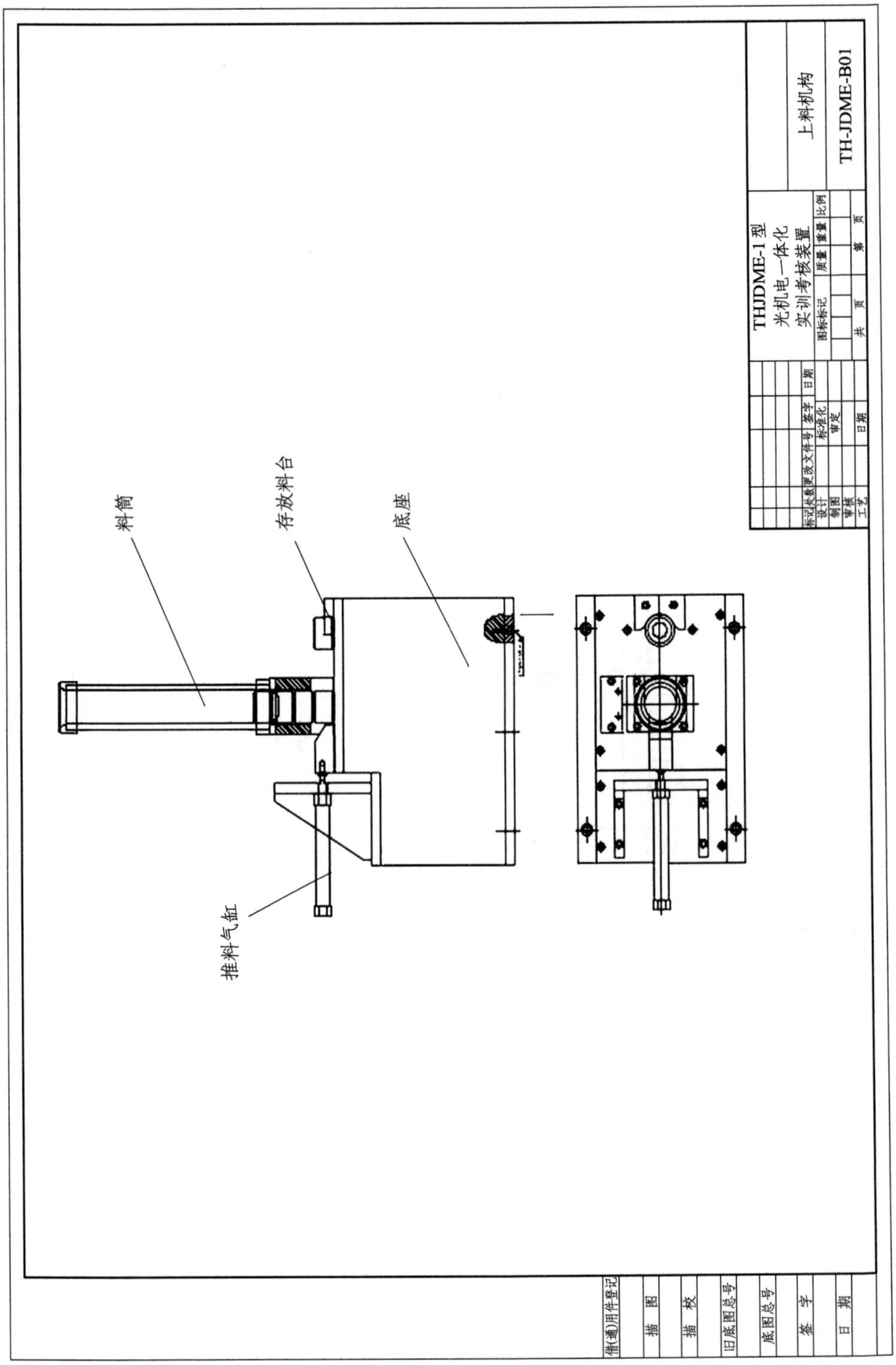
料筒
存放料台
底座
推料气缸
THJDME-1型
光机电一体化
实训考核装置
上料机构
TH-JDME-B01
标记 处数 更改文件号 签字 日期
设计 标准化
制图 审定
审核
工艺 日期
图标标记 质量 重量 比例
共 页 第 页
借(通)用件登记
描图
描校
旧底图总号
底图总号
签字
日期

附图 A-3 上料机构

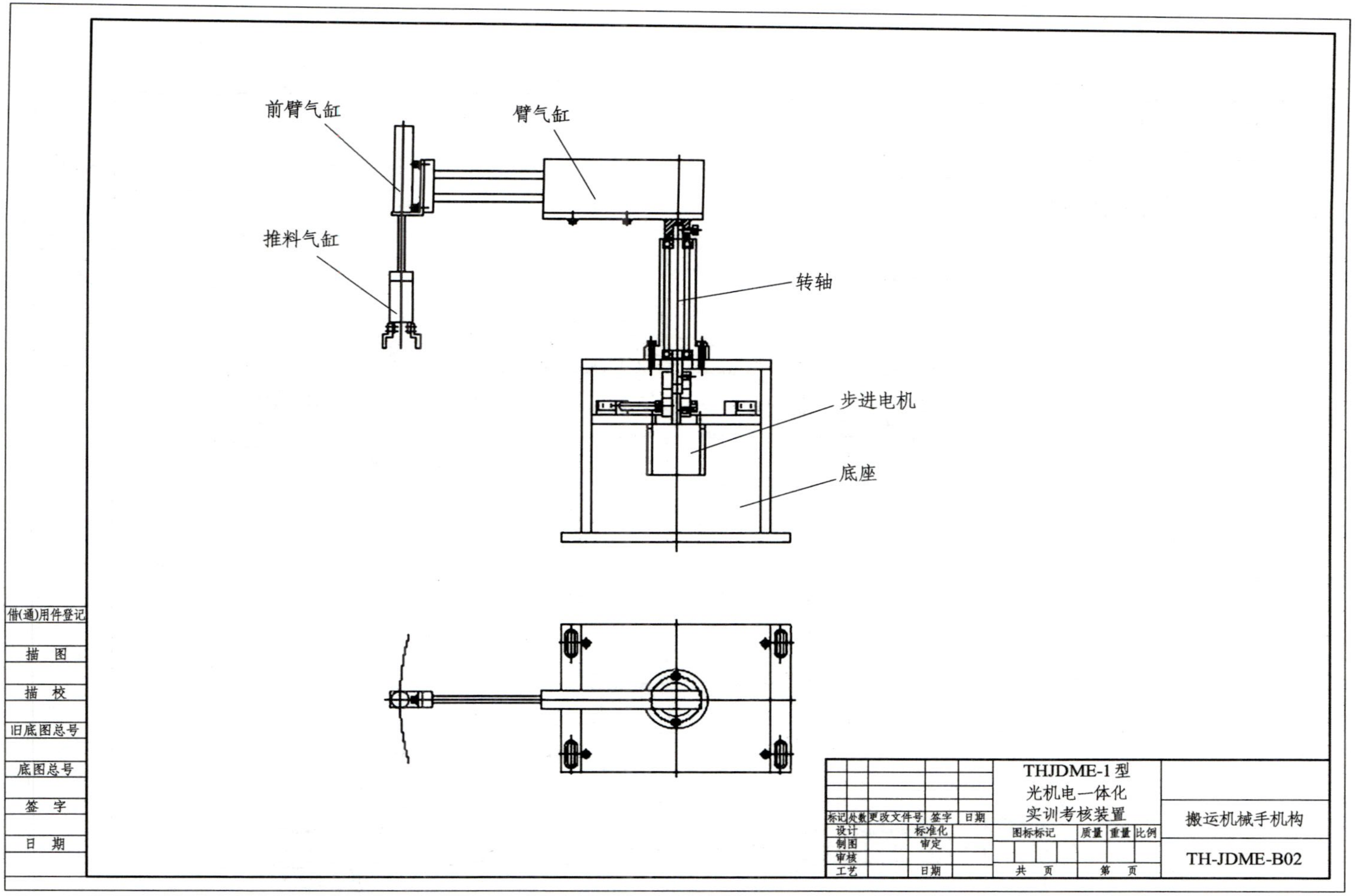

附图 A-4 搬运机械手机构

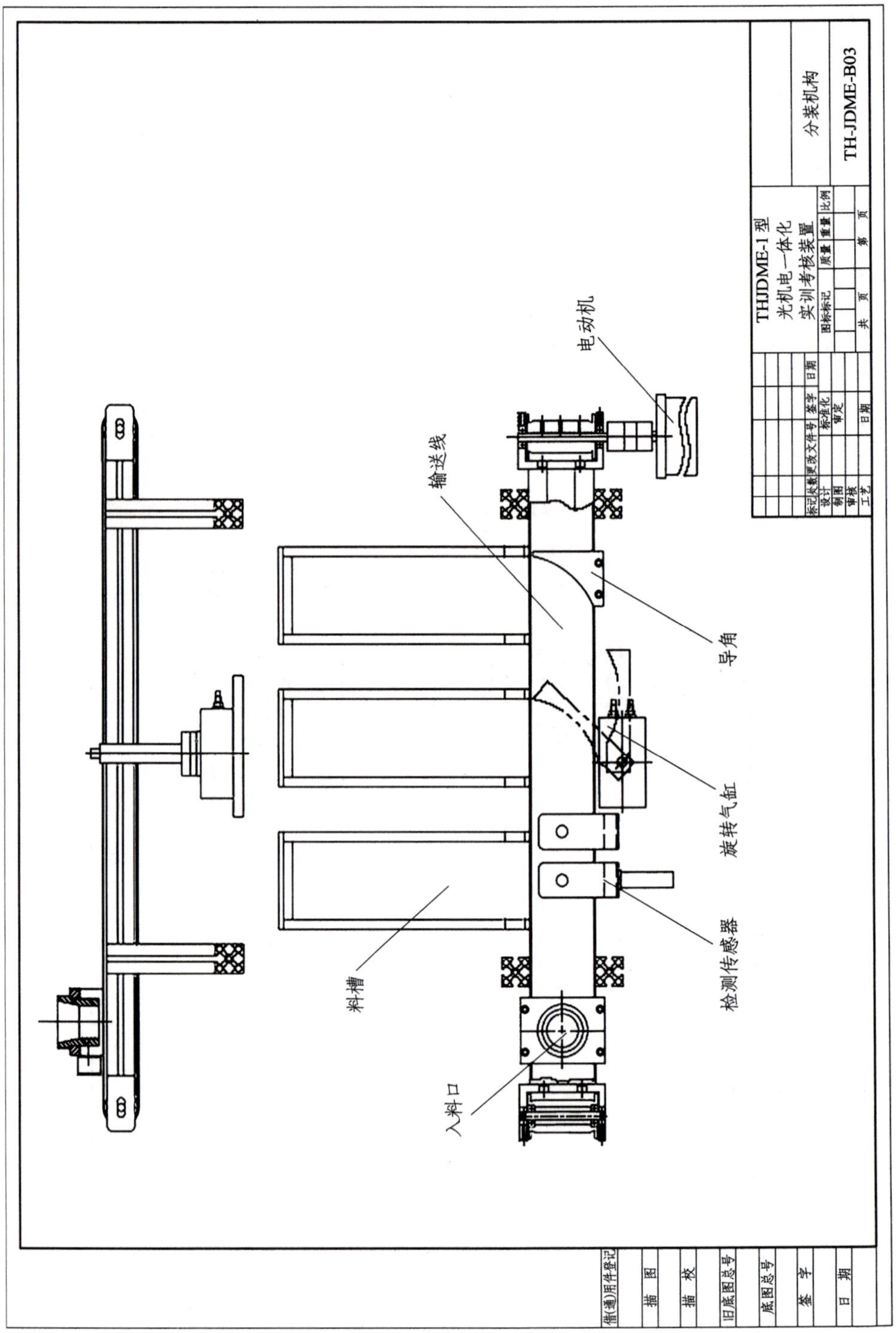
THJDME-1 型
光机电一体化
实训考核装置
分装机构
TH-JDME-B03
电动机
输送线
导角
旋转气缸
检测传感器
料槽
入料口
借(通)用件登记
描 图
描 校
旧底图总号
底图总号
签 字
日 期

附图 A-5 分拣机构

附录 B 光机电一体化设备气动回路原理图

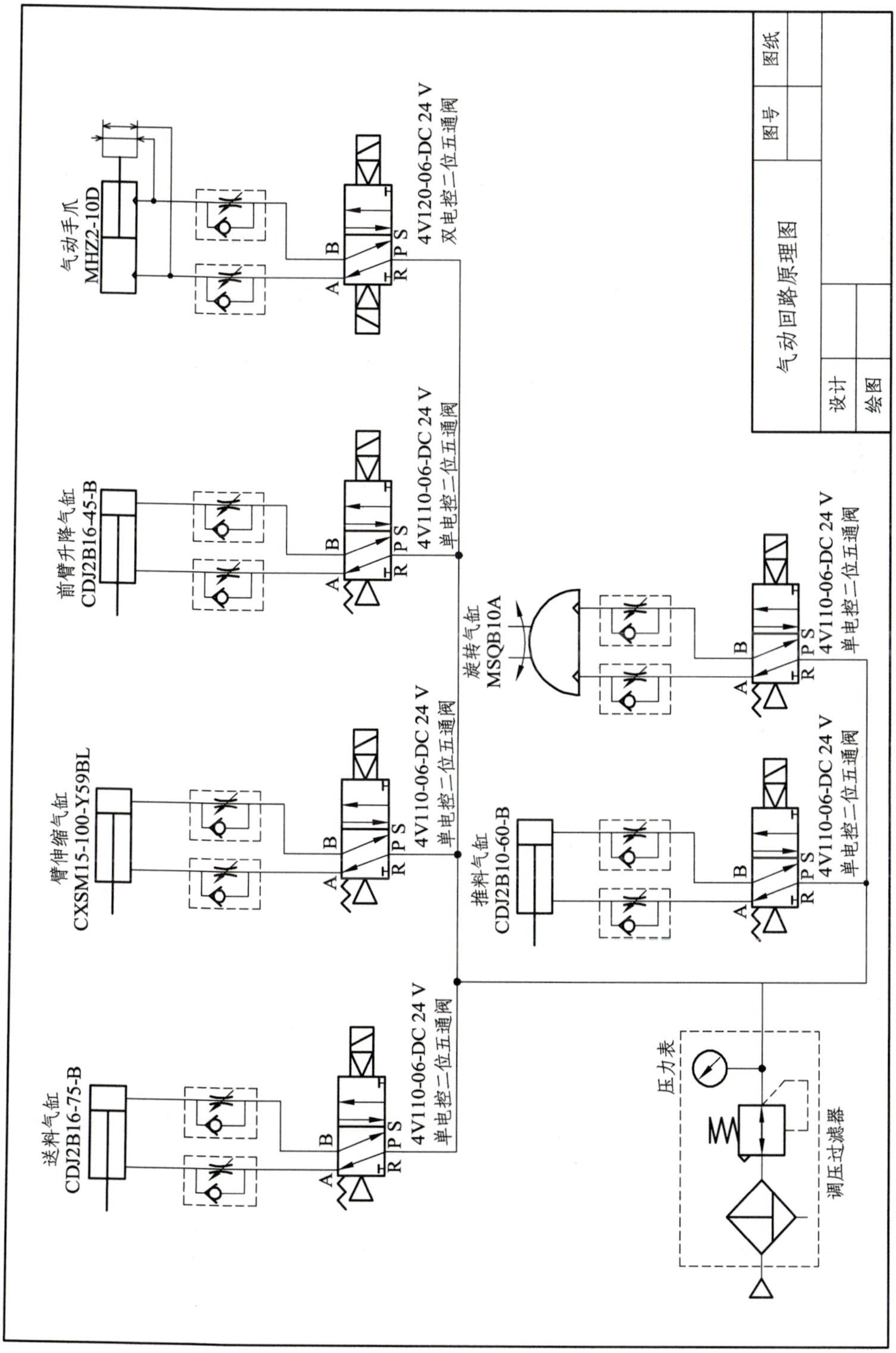

附图 B-1 气动回路原理图

参考文献

[1] 王阿根. 西门子 S7-200 PLC 编程实例精解[M]. 北京：电子工业出版社，2011.

[2] 陈刚. 机电一体化技术[M]. 2 版. 北京：清华大学出版社，2017.

[3] 潘玉山. 液压与气动技术[M]. 2 版. 北京：机械工业出版社，2015.

[4] 姚允刚，沈友佩，孙莹，靳雅. 光机电一体化设备的安装与调试[M]. 成都：西南交通大学出版社，2019.